2023—2024 年中国工业和信息化发展系列蓝皮书

2023—2024 年
中国安全应急产业发展蓝皮书

中国电子信息产业发展研究院　编　著

张小燕　**主　编**

袁晓庆　黄玉垚　**副主编**

电子工业出版社

Publishing House of Electronics Industry

北京·BEIJING

内 容 简 介

本书分综合篇、重点领域篇、区域篇、园区篇、企业篇、政策篇、热点篇和展望篇8个部分，从多方面、多角度，通过数据、图表、案例、热点事件等多种形式，重点分析总结了 2023 年以来国内外安全应急产业的发展情况，比较全面地反映了2023 年我国安全应急产业发展的动态与问题，对我国安全应急产业发展中的重点行业（领域）、重点地区、国家安全应急产业示范基地进行了比较全面的分析，展望了2024 年我国安全应急产业的发展趋势。

本书可为政府部门、相关企业及从事相关政策制定、管理决策和咨询研究的人员提供参考，也可供高等学校相关专业师生及对安全应急产业发展感兴趣的读者学习。

图书在版编目（CIP）数据

2023—2024 年中国安全应急产业发展蓝皮书 ／ 中国电子信息产业发展研究院编著；张小燕主编. -- 北京：电子工业出版社，2024. 12. -- ISBN 978-7-121-49383-6

Ⅰ．X93

中国国家版本馆 CIP 数据核字第 2024D02J98 号

责任编辑：许存权
印　　刷：中煤（北京）印务有限公司
装　　订：中煤（北京）印务有限公司
出版发行：电子工业出版社
　　　　　北京市海淀区万寿路 173 信箱　　邮编：100036
开　　本：720×1 000　1/16　印张：15　字数：336 千字　彩插：1
版　　次：2024 年 12 月第 1 版
印　　次：2024 年 12 月第 1 次印刷
定　　价：218.00 元

前言

  2023 年，是我国安全应急产业迎来的拐点之年。2023 年 9 月，工业和信息化部、国家发展改革委、科技部、财政部、应急管理部等五部门联合印发了《安全应急装备重点领域发展行动计划（2023—2025 年）》（以下简称"行动计划"），提出了"十大场景+十大任务"的发展思路，这是我国安全应急装备领域的首部宏观产业发展政策，为产业发展提供了纲领性指引。随后，河北、江苏、江西、陕西等地也陆续发布省级安全应急装备高质量发展行动计划，对发展安全应急产业的重要性提到一个新的高度，发展安全应急产业的积极性、主动性、创造性将进一步被激发。消费升级、产业升级和应急管理体系逐步完善成为拉动安全应急产业快速发展的"三驾马车"，共同构成对安全应急产品的巨大刚需。2023 年我国安全应急产业规模超过 2.1 万亿元，将成为更多地方实现工业转型升级、培育发展新动能、完善应急管理体系的必由之路和必然选择。我国安全应急产业正在迈向新技术融合应用、新装备加快推广、新产业加快培育、新样板加快构建的新阶段。

  此次编撰的《2023—2024 年中国安全应急产业发展蓝皮书》，是从 2013 年以来第 10 次撰写的安全应急产业发展的年度蓝皮书。全书分综合篇、重点领域篇、区域篇、园区篇、企业篇、政策篇、热点篇和展望篇 8 个部分，多层次、体系化地分析总结了 2023 年以来国内外安全应急产业发展的现状、亮点、问题及趋势，希望给业界展示安全应急产业的全景图。

综合篇，梳理全球的安全应急产业发展现状并进行了分析研究，对我国安全应急产业发展的状况和特点进行了总结，给出了我国安全应急产业的规模数据和区域布局，指出了我国安全应急产业发展存在的问题，并提出了相应的对策建议。

重点领域篇，聚焦自然灾害、事故灾难等突发事件预防和应急处置需求，主要从发展情况、存在问题两个方面，对安全应急机器人、安全应急无人机、大型抢险救援装备、消防装备、露天矿用无人驾驶装备、应急通信装备、高端个体防护装备、自动体外除颤仪（AED）、家庭应急产品等进行了较详细的分析研究。

区域篇，选取了我国经济发展最具活力的京津冀、长三角、粤港澳、中部地区四大经济圈，对这些区域的安全应急产业发展，从整体情况、发展特点两大方面进行了研究，并选取了其中发展较好的重点省市进行了介绍。

园区篇，选取了徐州、佛山、合肥、营口、济宁、随州、长沙、德阳等地的 8 个国家安全应急产业示范基地的基本情况进行了研究，在园区概况、园区特色等方面进行了比较细致的分析研究。

企业篇，以上市企业和中国安全产业协会的理事单位为主，按大中小企业类型，选择了在国内安全应急产业领域内发展较有特点的十家企业，对各企业的概况和代表产品进行了介绍。

政策篇，对 2023 年我国安全应急产业发展的政策环境进行了研究，选取了《安全应急装备重点领域发展行动计划（2023—2025 年）》《关于加快应急机器人发展的指导意见》和《推动工业领域设备更新实施方案》等对我国安全应急产业发展有重要意义的文件和政策进行了专题解析。

热点篇，结合我国经济安全和安全应急产业发展的热点事件，选取了内蒙古阿拉善左旗煤矿"2·22"坍塌事故、北京长峰医院"4·18"重大火灾事故、宁夏银川烧烤店"6·21"爆炸事故、重庆万州"7·4"洪涝地质灾害事故、黑龙江双鸭山"11·28"煤矿事故等事件，分别进行了回顾和分析。

展望篇，对国内安全应急产业主要机构的研究和预测观点进行了整理，对 2024 年中国安全应急产业发展从总体情况和发展亮点这两个方面进行了重点展望。

我们十多年来致力于研究国内外安全应急产业发展态势，努力发挥好对国家政府机关的支撑作用，以及对安全应急产业基地、安全应急产业企业、金融投资机构及安全应急产业团体的服务功能。希望通过我们坚持不懈的观察瞭望和深入研究，为促进我国安全应急产业发展提供参考，为深入推进制造强国和网络强国建设、加快推动经济社会高质量发展贡献力量。

中国电子信息产业发展研究院

目录

区　域　篇

企 业 篇

政　策　篇

热　点　篇

展　望　篇

综 合 篇

第一章

2023 年全球安全应急产业发展状况

刚刚过去的 2023 年，是极不寻常和极不平凡的一年。地区冲突频发，大国竞争加剧，俄乌冲突、巴以冲突和其他地区对抗，加剧了国际关系的紧张局势。美国推进的大国竞争策略加剧了国际体系失序的风险，导致传统与非传统安全挑战增加。全球面临严重的粮食不安全状况，缺粮人口已从 1.35 亿激增至 3.45 亿。2023 年成为有记录以来最热的一年，气候问题成为全球关注的焦点，与安全、贫困和债务问题相互交织，加剧了全球的不稳定性。自然灾害形势复杂，极端灾害事件多发，造成的损失尤为突出，在许多地区，热浪和干旱引发严重的山火和野火，全球范围内自然灾害造成损失约 2500 亿美元，造成死亡人数升至 7.4 万人，远高于过去 5 年的年平均值（1 万人）。一系列破坏性地震还引发次生灾难性损失，2023 年，约有 6.3 万人因地震丧生，超过了 2010 年以来的纪录。安全生产情况依然不容乐观，矿难、危化品事故、火灾爆炸等问题突出，严重威胁着人们生命财产安全和社会稳定。全球安全问题进一步凸显并呈泛化趋势，安全形势更加复杂多变，人类社会面临前所未有的挑战。

第一节　概述

国外并没有安全应急产业这一称谓。安全应急产业概念受国家工业安全生产水平和安全应急管理需求影响较大，国际上，安全应急产业的概念和范围划分并不统一。各个国家和地区由于自身的基本国情、经济发展水平及人文环境不同，对于自身安全应急产业的具体定义和范围划分都有独特的理解，安全应急产业的定义与其所处的地域安全形势与国家经济地位密不可分。与安全应急产业概念相近的称谓有：Safety Industry（安全产业）、Occupational Safety（职业安全）、Emergency Response Technology Industry（应急技术产业）、the Incident and Emergency Management Market（应急管理市场）、Homeland Security and Public Safety Market（国土安全与公共安全市场）。不同的称谓说明国外研究安全应急产业的关注点不同。

美国的安全应急产业分为制造业、电子商务、安全应急服务业，而应急装备制造业分为个体防护设备、救援与搜救装备、信息技术设备、通信装备、探测装备、洗消装备、医疗装备、其他装备等 6663 种类产品。日本安全应急产业包括城市防犯罪防灾害产业和应急救援产业，城市防犯罪防灾害产业包括城市安全相关的灭火器、偷盗预警装置等，应急救援产业包括自然灾害防治以及公共卫生事件的应急救援装备和服务业等。欧洲的安全应急产业包括维护国土安全的技术研发及设备生产、自然灾害应急救援、安全生产及职业健康防护等内容。近年来，全球安全应急产业规模呈现持续增长态势，2011 年全球安全应急产业规模约 5300 亿美元，2016 年增长至 8000 亿美元，目前已超过 1 万亿美元，预计 2025 年全球安全应急产业市场规模将达到 1.5 万亿美元。

第二节　发展情况

由于安全应急产业是一个复合的、交叉性很强的产业，各国对其定义和分类范围也各不相同，这就导致了无法将安全应急产业作为一个整体对其规模进行核算。

从不同行业领域来看，著名咨询机构尚普咨询发布报告称，2022 年全球安防市场规模达到 3240 亿美元，同比增长 11.7%，主要受益于疫情缓解的影响和经济复苏的推动。其中，智能安防市场规模达到 450 亿美元，同比增长 30.26%，占全球安防市场的 13.9%，显示出智能化是安防行业的主要发展方向。在智能安防市场中，视频监控是最重要的细分领域，2022 年全球智能视频监控市场规模达到 318 亿美元，同比增长 7.1%，占智能安防市场的 70.7%。在视频监控产品中，摄像头是核心组件，2022 年全球监控摄像头市场规模达到 1142 亿美元，同比增长

12.28%。中国是全球最大的安防市场，2022 年中国安防市场规模达到 8510 亿元，同比增长 4.9%，占全球安防市场的 36.3%。其中，智能安防市场规模达到 513 亿元，同比增长 26%，占中国安防市场的 6%。在智能安防市场中，视频监控仍然占据主导地位，2022 年中国智能视频监控市场规模达到 543 亿元，同比增长 10%，占智能安防市场的 105.8%（超过 100% 是因为部分产品同时属于多个细分领域）。在视频监控产品中，摄像头也是最重要的组成部分，2022 年中国监控摄像头市场规模达到 360 亿元，同比增长 8%，占中国视频监控市场的 66.3%。

从全球及中国安防行业竞争格局来看，全球安防市场竞争格局较为分散，没有形成绝对的垄断或寡头。根据 2023 年全球安防 50 强榜单，排名前 10 的企业分别是：海康威视、大华股份、亚萨合莱、安讯士、摩托罗拉解决方案、安朗杰、天地伟业、韩华 Vision（原韩华 Techwin）、宇视科技、爱峰。其中海康威视以 98 亿美元的营收位居第一，占全球安防市场的 3.1%，其次是大华股份以 45 亿美元的营收位居第二，占全球安防市场的 1.6%。从地域分布来看，中国、美国、欧洲和韩国是全球安防市场的主要竞争者，其中中国企业数量最多，达到 21 家，占全球安防 50 强的 42%，显示出中国在安防行业的强大实力和影响力（见表 1-1）。

表 1-1　2023 年全球安防企业 10 强榜单

排　　名	企　业　名　称	所　属　国　家	企业营收（亿美元）
1	海康威视	中国	97.9
2	大华股份	中国	45.4
3	亚萨合莱	瑞典	35.8
4	安讯士	瑞典	15.7
5	摩托罗拉解决方案	美国	15.2
6	安朗杰	美国	8.5
7	天地伟业	中国	8.1
8	韩华 Vision	韩国	7.8
9	宇视科技	中国	7.6
10	爱峰	日本	4.0

数据来源：媒体 a&s《安全 & 自动化》，2024.04。

此外，著名咨询机构百谏方略研究统计，全球个人防护装备（Personal Protective Equipment，PPE）市场呈现快速扩张的态势，全球主要个人防护装备制造商包括 LG Chem、Exxon Mobil、VINEOS Group、Westlake Chemical Corporation、Formosa Plastics Corporation、3M、Shin-Etsu Chemical Co., Ltd.、DuPont、Lanxess AG、HEXPOL AB、Trinseo等。2023 年全球个人防护装备市场销售额达到约 3437 亿元，预计 2030年将达到 5408 亿元，2023—2030 年复合增长率（CAGR）为 6.69%。个人防护装备的未来技术发展趋势将在多个方面呈现创新和改进，以提高其性能、舒适性和安全性。智能技术将成为未来 PPE 的重要组成部分，这包括内置传感器，可以监测工作者的生理参数，如心率、体温和呼吸率等。这些传感器可以向用户发送警报，以提醒他们潜在的危险或疲劳，从而提高工作场所的安全性。此外，智能 PPE 还可以集成通信和导航功能，以便用户在危险环境中更好地协作和导航。新材料的发展将改善 PPE 的性能，例如，轻量、高强度、高耐磨性和耐腐蚀性的材料将减轻工作者的负担并提供更长的使用寿命。此外，抗菌和防污染涂层也将成为一种趋势，有助于防止微生物传播和化学物质的附着。可穿戴技术将更加集成到工作服和装备中，以提供更大的舒适性和灵活性。例如，轻便的气密服可能会在医疗和化学工业中广泛使用，以提供更好的保护同时保持舒适。可穿戴电子设备，如虚拟现实头盔或增强现实眼镜，也可以用于培训和监控工作。3D 打印技术将允许制造商根据个体需求定制 PPE。这将确保更好的适合性和舒适性，并降低库存成本。工人可以通过扫描他们的身体或特定需求来获得定制的 PPE。PPE 制造商将寻求减少环境影响，采用可回收材料、节能生产和低废物方法。虚拟现实和增强现实技术将用于培训工作者，模拟危险工作场景，使他们能够在真实环境之前获得实践经验。

　　根据贝哲斯咨询的报告显示，全球消防系统市场规模预计将从 2023年的 668 亿美元增至 2028 年的 921 亿美元（见图 1-1）。2023 年亚太引领全球消防系统发展，市场占比达 33%，北美市场占比达 30%，欧洲市场占比达 25%。预计在预测期内，亚太地区的市场有望高速增长，这与城市化发展有关。同时，该地区政府正在采取措施以提高公众对消防安全的认识和理解。销售增幅较大的是泡沫防火系统，其是一种由水溶液形成充满空气的气泡系统，用于设计连贯漂浮的可燃液体的浮毯，以消除空气并冷却可燃物以防止火灾发生。此外，该系统还能够抑制易燃蒸汽的形成，防止再次燃烧，并且可以粘附于表面，为相邻区域提供防护。目前，行业发展还存在一些类似的问题如消防解决方案缺乏集成和配置。现代工业和商业面临着安全和消防方面的威胁，对合规性规范和标准的要求也越来越高，因此需要更全面、更集成的解决方案。然而，由于系统的复杂性和所含组件数量的不断增加，整个系统的集成和配置变得复杂。

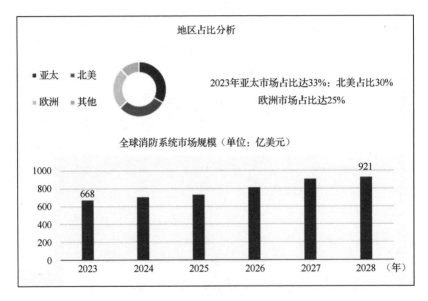

图 1-1　全球消防系统市场规模及地区占比分析

（数据来源：贝哲斯咨询，2024.02）

第三节　发展特点

一、AI 技术在各类场景的应用初步显现

随着近年来人工智能大模型的涌现，安全应急响应模式和装备智能化水平面临深刻变革，安全应急产业体系智能化水平有望实现新的飞跃。例如，日本在利用 AI 技术进行自然灾害的预测或灾害发生时破坏

程度预测、收集受灾情况信息、制定支援救助计划、灾害发生时引导国外游客避难等。NEC 公司开发出了一种由 AI 从 Twitter 中提取受灾状况和避难场所等信息并将其可视化的系统——高级自然语言处理平台，并开始提供服务。在具体领域内，如在地震救援领域，商汤科技以商汤大模型为基础构建的 SenseEarth 3.0 智能遥感云平台、美国国防部 xView2 人工智能灾害评估系统等，这些平台系统能够通过大模型和人工智能算法对受灾现场建筑物的受损情况、灾害发生趋势等进行评估，并拥有 85% 以上的高准确率，能够有效辅助救灾决策。

二、多渠道强化科技保障

经过数十年的发展，美国、日本、欧盟等发达国家和地区已经形成了较为完善和成熟的安全应急科技研发和支撑体系，整体技术水平发展较快，从中央政府到地方政府都有固定的安全应急产品和技术的研发经费预算，并建立专业的产品研发、检测试验和标准化机构，为安全应急科技发展提供了良好的支撑条件。德国是很多大型高端安全应急装备的主要出口国之一，其产品从需求提出到立项研发、监测应用、生产配备及演练使用等整个环节都有严谨规范的流程体系。美国政府非常重视吸引全国的科技力量进行安全应急科技研究，为科技单位提供合作与研究的经费和平台。日本政府实施"机器人新战略"，政府部门 2022 年提供了超过 9.3 亿美元的研发支持资金，重点领域是制造业（7780 万美元）、护理和医疗（5500 万美元）、基础设施（6.432 亿美元）和农业（6620 万美元）。

三、通过国际合作与标准制定完善产业生态

一是积极参与和主导国际标准制定。如美日德等国主导制定了 ISO 21463:2016，作为国际标准化组织（ISO）发布的专门针对安全应急机器人的标准，涵盖了安全应急机器人的设计、功能、性能、安全、互操作性等方面的要求。

二是通过国际合作拓展新兴市场。德国 TRADR 机器人辅助救灾项目由德国人工智能研究中心（DFKI）、荷兰代尔夫特理工大学、瑞典皇

家理工学院等机构联合参与，涵盖包括机器人感知、自主导航、通信和任务规划等众多领域，旨在促进跨国资源整合，以满足不同应急情境的需求。日本丰田汽车公司与美国的 iRobot 公司合作开发新产品，用于灾难现场进行搜索被困者、清理瓦砾等救援工作。双方企业不仅通过技术合作和资源共享共同开发新产品，还共享市场与销售渠道，推动产品进入印度、南非、拉美等新兴市场。

三是建立并完善产品检测认证机构。欧盟的 CE 认证、美国的 UL 和德国的 TÜV Rheinland 是全球知名的机器人检测认证机构，涵盖了机器人系统的结构设计、机械性能、电气软件等方面。其职能不仅包括对产品在应急救援任务中的安全性和可靠性进行检测认证，还能够帮助本土企业解决跨国贸易中的技术壁垒和合规性问题，同时提高国外产品进入本国市场的准入门槛。

第二章

2023年中国安全应急产业发展状况

第一节　发展情况

一、国家利好政策频出

2023 年 9 月底，工业和信息化部、国家发展改革委、科技部、财政部、应急管理部等五部门联合印发了《安全应急装备重点领域发展行动计划（2023—2025 年）》（以下简称"行动计划"），提出了"十大场景+十大任务"的发展思路，围绕技术创新、推广应用、繁荣生态三方面提出十大重点任务，作为该领域的首个宏观产业发展政策，为产业发展提供纲领性科学指引。2023 年 12 月 29 日，应急管理部、工业和信息化部联合印发《关于加快应急机器人发展的指导意见》，提出到 2025 年，研发一批先进应急机器人，大幅提升科学化、专业化、精细化和智能化水平；建设一批重点场景应急机器人实战测试和示范应用基地，逐步完善发展生态体系；应急机器人配备力度持续增强，装备体系基本构建，实战应用及支撑水平全面提升。

此外，北京、河北、江苏、江西、陕西等地也出台了促进安全应急产业及装备发展的具体规划。例如《江苏省安全应急装备重点领域发展行动实施方案》中明确指出，到 2025 年，全省安全应急产业发展质量明显提升，安全应急装备产业规模持续扩大，自主创新能力明显提高，产品质量和供给保障能力显著提升，努力打造成为全国安全应急科技创新先导区。全省安全应急装备产业规模超过 3000 亿元，培育 2 家以上具有国际竞争力的龙头企业、5 家以上具有核心技术优势的重点骨干企业，打造 8 家左右国家级安全应急产业示范及创建基地。

二、产业规模持续增长

在国家多项利好政策下，部分地区已将安全应急产业作为"十四五"时期的重要发展方向。发展需要产业，安全需要保障。聚焦应对四大突发事件的需要，充分发挥安全应急产业在统筹发展和安全中的支撑作用，形成服务于以国内大循环为主体、国内国际双循环相互促进的新发展格局，将科技创新转化为推进高质量发展的强大动能，以特色基地为载体，优势产业为依托，龙头企业为引领，强化补全产业链，不断推进产业高质量发展。

2023 年我国安全应急产业发展迅速（见图 2-1），全年总产值超过 2.1 万亿元，较 2022 年增长约 9.73%。据统计，我国主营业务为安全应急相关的企业超过 5000 家，上市公司 352 家，包括徐工集团、新兴际华、中联重科、海康威视等龙头企业。

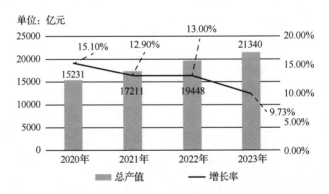

图 2-1　2020—2023 年我国安全应急产业规模及增速
（数据来源：赛迪智库整理，2024.05）

另外，据测算，2023 年我国安全应急装备重点领域产业规模超过 7500 亿元，近三年年均增速保持在 10% 以上，预计到 2025 年，重点装备市场规模将达到 10000 亿元。随着国家增发 1 万亿特别国债用于灾后重建或提升防灾减灾救灾能力，安全应急产业将成为促进地方经济发展的新增长点。

在集聚发展方面，2022 年，工业和信息化部会同国家发展改革委、科技部批复了 26 家国家安全应急产业示范基地（含创建单位），东部、中部地区分别有 13 家、9 家，占全国比例分别达 50%、34.6%，西部、东北地区分别有 2 家。26 家示范基地涉及安全应急产业营业收入合计为 5178.9 亿元，其中规模以上安全应急企业营业收入合计为 4864.15 亿元。此外，示范基地内安全应急产业涉及领域已包含安全防护、监测预警、应急救援处置、安全应急服务等全部 4 个大类。在企业发展方面，据安全应急产业大数据平台统计，截至 2023 年底，26 家国家安全应急产业示范基地内共有规上安全应急产业类企业 1741 家，其中 723 家营收在 1 亿元以上，258 家营收超过 3 亿元。

三、重点领域攻关取得突破

森林消防领域，航空工业自主研发的大型水陆两栖飞机 AG600 灭火型正在加快适航取证工作，可满足我国全疆域范围内的森林草原灭火需求，填补国产大型固定翼灭火飞机的空白。城市消防领域，徐工消防成功研制越障能力强、作业幅度大、高空救援灵活、动作快速高效的行业最高的 42 米直曲臂云梯消防车，可广泛用于城市、工厂等中高层建筑消防灭火和救援。露天矿山安全监测领域，雷科防务自主研发的形变监测雷达，打破国外技术垄断，相关技术水平达到国际领先，已成功实现多次滑坡预警。危化品安全防护领域，国兴智能研制的石油化工防爆侦检机器人，可代替人工执行巡检工作，具有表计数据读取、安全行为检测等功能，能够实现数据信息远程传输，可有效降低事故风险。地震救援领域，中南大学等单位联合研发的多模式融合生命探测仪，综合利用多种传感器对废墟内被困人员进行探测，有效提高生命搜救效率。城市生命线领域，清华大学合肥公共安全研究院自主研发的供水管网检测智能球，实现供水管道不停水、多点微小泄漏检测和精确定位，技术达到国际先进水平。

四、三大需求驱动力量正在形成

一是政府采购和投资需求。政府在防范和处置各类突发事件方面的基础能力投入与设备设施采购是促进产业快速发展的重要牵引力量。以消防救援装备为例，对 2023 年 1—10 月中国政府采购网记录的国家和省级消防救援部门 528 项消防救援装备采购信息分析显示，中标累计金额超过 44 亿元，主要集中在浙江、广东、重庆、福建、四川、河北等地，主要采购装备包括器材、消防车、侦察救援无人机、通信指挥消防车等。随着未来新型城镇化建设的持续推进，安全应急装备和相关基础设施建设将迎来更大的市场空间。

二是行业安全发展需求。在统筹发展与安全的背景下，安全发展已成为了产业高质量发展的必然要求，相关专用安全应急装备的需求也随之增长。尤其伴随着《新安全生产法》的落地实施，能源、交通、矿山、化工等高危和传统行业安全管理要求趋严，企业安全设备设施投入将进一步加大，带动相关安全防护、监测预警产品和服务快速增长，并向数字化、网络化、智能化、少（无）人化等方向发展。例如，在危险化学品监测预警系统方面，2021 年应急管理部等部门印发 5 项危化品安全生产风险监测预警系统相关制度，提出"提高监管效率效能、提升危险化学品安全风险管控水平"的要求，将进一步加快监测预警装备、安全防控装备等相关装备的发展。此外，根据《企业安全生产费用提取和使用管理办法》，企业每年应按照规定标准提取安全生产费用并用于购置维护安全防护和紧急避险设施等。基于上市公司披露数据以及国家统计局公布的我国第二产业营业收入数据估算，2019 年我国第二产业安全应急投入金额为 2686.5 亿元，2021 年、2022 年分别迈上 3500 亿元、4000 亿元门槛，到 2023 年达 4908.9 亿元，年均增速超 12%。

三是个人和家庭安全需求。伴随人民消费需求从基本温饱到安全绿色的持续升级，全社会安全应急文化正在加速形成，个人和家用安全应急市场空间巨大，将成为安全应急产业发展的重要推动力。例如，在家用消防产品方面，相关数据显示，国内家用消防市场仍处于起步阶段，渗透率不到 1%，与发达国家占比 40%~60% 的差距显著，我国 4.9 亿户家庭的潜在市场需求空间巨大。

第二节 存在问题

一、政策支持体系需进一步优化

我国现行的国家、地方安全应急产业政策多处于宏观引导层面，只有部分地区出台了较为详细的专项政策，大部分地区缺少配套的实施细则和激励措施。一是缺少针对性政策。一些涉及安全应急产业的优惠政策大多是借用其他相关产业政策，缺少专门针对细分领域装备和产品生产与研发的财税、金融等支持政策，未充分发挥政府财政资金引领带动作用。二是安全应急产业统计口径、统计分析缺少相关标准和制度，使现有安全应急产业的统计数据科学性和权威性不足，导致无法为科学、精准地制定政策提供支撑。三是安全应急领域相关的人才政策支撑不足，难以引进高端专业人才，培养学科体系也不健全。四是在促进市场开拓、培育市场环境和引导消费方面的相关政策不足，安全应急产业市场潜力尚未得到充分释放。

二、部分国产装备与进口装备相比，技术积累不足

我国部分安全应急装备与国际先进水平相比，仍存在技术积累不足问题。例如防化服的核心是材料的中间层，国内绝大多数的厂商生产的一级和特级防化服都是采用橡胶材料作为中间层，而美国杜邦、德尔格等国际领先企业用的是特殊复合材料，使国产防化服的防护能力较其有一定差距。同时，部分装备产业链关键环节存在受制于人的问题。例如尽管我国在安全应急特种机器人的创新和应用方面已取得了显著进步，但从技术角度相对发达国家而言，在减速器、传感器等关键零部件的精度、性能及安全性方面有一定差距，其中高精密减速器、高端伺服系统、编码器对进口依赖较重，且产品售价较高、交货周期较长，成为制约我国安全应急特种机器人产业发展的重要瓶颈之一。

三、部分装备实际适配度需进一步提升

部分国产装备在研发过程中与实际需求脱节现象时有发生，达不到

实战化需求或在实战中出现故障率高、性能不稳定等问题。如国产登高平台、举高喷射消防车、无人机、机器人等新型救援装备已逐步被采购使用，但救援装备对各类场景的适用性需要增强。举高喷射消防车对作业面要求过大，没有足够场地无法展开，且转移速度慢；灭火机器人只能在单层空间中应用，无法实现攀爬楼梯台阶登楼灭火；无人机配装的高清摄像头受烟气干扰较大，在无烟的状态下成像清晰，但在有烟环境下摄像头无法发挥作用；在钢结构环境火场中，无线信号受到一定干扰，对讲机、无人机、单兵定位装备的稳定性受影响较大。据某地消防救援支队反映，在钢结构建筑等特殊环境下，无人机易出现遥控信号丢失导致掉落情况，在危化库区不敢使用无人机，怕无人机失联后摔落造成重大隐患。

四、市场潜力尚未充分释放

一是我国经济高质量发展和制造业升级创造的安全应急装备需求正处于培育阶段，市场潜力尚未充分释放。例如，根据对京津冀、长三角部分地区调研发现：样本地区家庭的专业应急包配备率仅为 7%；家用灭火器、救生缓降器等抵御突发事故和灾害的专业应急产品配备率只有不到 5%；很多家庭不了解应急产品储备建议清单，不知道买什么、怎么买、买多少，消费动力不足。二是用户对国产高端安全应急装备的认识还停留在多年前水平，认为性能不足、可靠性不够，导致国产装备市场需求不成熟、占有率不高。例如近些年，进口高端消防车的采购数量在逐步增多，只有从 2021 年开始，国家对进口消防救援装备进行从严控制，才使进口数量逐步下降，但由于长期习惯使用进口品牌，消防救援队伍对国产消防车的可靠性、耐久性、便捷性意见较大，缺乏信赖。其实，随着我国装备制造业的快速发展，国产消防车经过二十余年的技术消化吸收及自主创新，在产品性能、可靠性、外观精美度、操纵人性化等方面均取得了巨大进步，与进口装备水平基本相当，甚至部分性能已超越进口装备水平，为替代进口打下了良好基础。

第三节　对策建议

一、强化产业政策协同配合

加强安全应急扶持政策与财政、金融、科技、人才等政策的有效配合，共同助力产业发展。产业政策与财政政策协同，适度强化财政政策扶持力度，如设立产业项目、产品、解决方案的专项资金及资金使用方案，强化政府采购等措施，加强产业部门和需求部门对接合作，发挥安全生产专用设备税收抵免优惠政策等措施，以财政撬动社会资金投入安全应急装备及技术研发。产业政策与金融政策协同，发挥产融合作平台作用，综合运用信贷、债券、基金、保险、专项再贷款等各类金融工具，重点投资扶持初创期的科技型、创新型安全应急类生产企业和重点项目。产业政策与科创政策协同，围绕重点应用场景，从支持科技研发、开放创新环境、鼓励创新创业、保护知识产权等方面，布局科技创新相关政策，建立高质量、现代化的安全应急产业创新体系。产业政策与人才政策协同，加大安全应急产业高层次人才引进力度，完善不同细分领域人才培育工作，加强人才流动政策支持。

二、实施协同创新，加快技术攻关突破

一是面向安全防护与应急保障的实际需要，针对安全应急装备和产业链短板环节，组合运用揭榜挂帅、联合攻关、采购目录、应用示范等方式构建协同创新体系，为产业高质量发展提供可持续的创新动力。二是充分发挥重大科技项目的带动引领作用，着力推进企业技术中心、科技创新服务中心、科技中介机构等创新载体建设，构筑多层次企业技术创新体系。加强产学研联合攻关，扶持在安全应急产业细分领域拥有核心技术的企业，加大高端安全应急技术和适用技术的研发力度，突破一批核心技术和关键产品，破解产业链中的技术瓶颈，加快形成技术含量高的产业集群。三是充分利用现有产业公共创新服务平台，推动已有服务平台深耕安全应急装备及技术研发应用，充分发挥其技术研发创新的支撑作用。协助一部分有能力的企业建设企业技术中心，培养核心技术

人才，建立专业化安全应急技术创新中心，大幅提高骨干企业自主研发和引进吸收再创新能力。

三、加快先进装备的推广应用

一是编制《安全应急装备政府采购目录》，综合运用政府优先采购、订购、首台套补贴等方式支持产业化、国产化应用。二是将部分技术水平高、生产实践急需、带动效应明显的装备纳入各类指导目录，协助企业拓展市场空间，带动装备推广和品牌提升。同时，通过先进装备应用示范等模式，探索在全国推广措施，逐步培育更多具有国际影响力的装备品牌。三是围绕重点场景和实战需求，持续提升安全应急装备标准化建设，持续完善相关装备性能、指标、用途标准等规范，引导用户选用及更新高标准装备，加大推广适用技术和装备力度。

四、繁荣产业生态

一是严格把好安全应急企业生产经营资格关和市场准入关，理清装备生产企业、贸易企业和物流企业等生产经营主体，紧抓市场秩序，坚决打击假冒伪劣产品，保证安全应急行业的规范有序发展。二是实施服务型制造行动计划，引导和支持安全应急行业制造企业向服务型制造转型，促使企业从主要提供安全应急产品制造为主，向以服务为主、提供产品为辅转变，鼓励企业增加服务环节的投入，发展个性化定制服务、全生命周期管理、网络精准营销和在线支持服务等。三是加快形成"产品+服务+保险""产品+服务+融资租赁"等新型业务发展模式，解决基层用于配置安全应急装备的财政资金紧张，以及大型装备买不起、不会用等问题，有效拓宽适用国产装备的销售渠道。

重点领域篇

第三章

安全应急机器人

第一节 发展现状

安全应急机器人是在安全生产和防灾减灾救灾过程中,执行监测预警、搜索救援、通信指挥、后勤保障、生产作业等任务,能够实现半自主或全自主控制,部分替代或完全替代人类工作的智能机器系统的总称,是衡量我国应急管理体系和能力现代化的重要标志。从产业链来看,安全应急机器人产业链上游核心零部件主要包括减速器、伺服电机、控制器、传感器、芯片等,产业链中游为各种安全应急场景机器人,包括搜救机器人、巡检机器人、破拆机器人等,产业链下游为各种应用场景。由于应用场景的不同,不同类型安全应急机器人核心零部件会有所不同。以智能防爆机器人为例,其上游零部件还包括三维激光雷达、三轴陀螺仪、红外线热像仪、防爆拾音器、防爆扬声器、防爆声光报警灯等。安全应急机器人产业链如图 3-1 所示。

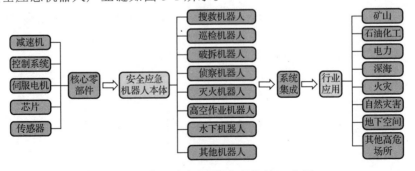

图 3-1 安全应急机器人产业链示意图

一、我国对安全应急机器人需求迫切

近年我国自然灾害形势严峻，安全生产薄弱环节不容忽视，城市建筑火灾、燃气爆炸等事故多发，给人民生命和财产造成了巨大损失。2024年 1 月 12 日，河南省平顶山天安煤业一煤矿发生煤与瓦斯爆炸事故，造成 16 人死亡；1 月 22 日，云南省昭通市镇雄县塘房镇凉水村发生山体滑坡，造成 44 人死亡；1 月 24 日，江西省新余市渝水区一临街店铺发生火灾，造成 39 人死亡。灾害事故的多样性和复杂性使应急救援难度增大，特别是在极端作业环境、恶劣天气或封闭空间中，救援行动受限，迫切需要增强应急装备功能，提升应急救援效率。安全应急机器人作为一种智能应急救援装备，具有感知、决策、执行等特征，不仅具备搬运破拆能力强的优势，替代救援人员在复杂危险场景中执行各类危险任务，还可携带多种传感器深入事故前线，辅助制定救援方案和现场决策，可广泛应用在地震地质灾害、城市火灾、安全生产事故等领域，大幅提高应急救援现代化水平。

二、我国安全应急机器人产业规模增长快、空间大

从产业规模看，据央视财经报道，2023 年我国安全应急机器人产业规模约为 200 亿元，近五年年均增速超过 20%。从市场占比看，虽然我国机器人产业市场规模连续多年位居全球第一，但安全应急机器人在机器人整体市场中占比仍较低。据中国电子学会预测，2024 年特种机器人在全球机器人市场总规模中占 21%，而在我国机器人市场规模中仅占 14%。从具体功能看，应急救援机器人和极限作业机器人在全球特种机器人市场规模中占比为 16% 和 32%，而在我国为 6% 和 23%，应用场景和规模仍有待拓展。

三、政策助推安全应急机器人产业快速发展

《中共中央国务院关于推进安全生产领域改革发展的意见》中明确提出"推动工业机器人、智能装备在危险工序和环节广泛应用。"《"十四五"机器人产业发展规划》提出将在安保巡逻、缉私安检、反恐防暴

等安防机器人，消防、应急救援、安全巡检、海洋捕捞等危险环境作业机器人领域开展机器人创新产品发展行动。《安全应急装备重点领域发展三年行动计划（2023—2025）》提出围绕安全应急机器人等装备产业链分析上下游，找准关键核心技术和零部件薄弱环节，集中优质资源合力攻关，促进产业链、创新链和供应链整体提升。2024 年，应急管理部、工业和信息化部联合印发《关于加快应急机器人发展的指导意见》，提出加强应急机器人急需技术攻关、强化重点领域应急机器人研制、推进应急机器人实战应用、深化应急机器人发展环境建设四大任务，加快推动应急机器人技术发展与实战应用，推进应急管理体系和能力现代化。

四、安全应急机器人的应用场景进一步拓展

一方面，日益增长的市场需求和人民安居乐业的迫切愿望推动机器人加快新产品研发，满足安全应急各细分领域的需要。如近些年出现的超高压输电线路巡检机器人、管道巡检机器人、消防灭火机器人、仿生救援机器人等细分领域的系列产品，都是机器人在安全领域应用的初步探索。另一方面，相关技术的进步也提升了机器人的环境适应性，使其不仅可以实现在高温高湿等极限条件下作业，更具备定位、防爆、图像获取与传输、避障、生命探测、远程通信等多项功能，为机器人进入包括采掘、建筑、核工业、消防、安防监测、抢险救援、反恐防暴等更广泛市场领域提供了技术支撑。

第二节 存在问题

一、技术水平与应急现场要求不匹配

一是环境感知与智能决策技术不足。安全应急机器人高精度传感器和实时地图构建能力欠缺，在应急救援中的环境感知能力不足，在极端环境下自适应、自主侦察与任务规划技术仍有待提升。二是多功能集成与组合能力不足。目前我国安全应急机器人多为单一功能装备，欠缺兼具如通信、侦查、消防、搜救等于一体的组合型、系列型机器人。三是

在应急特殊场景行动能力不足。例如国产微型柔性爬行机器人，在应急救援狭小空间作业时的爬行速度、续航时间等与国际先进产品有一定差距，且不具备集群功能和传感功能。

二、产学研用各环节间尚未形成有机链条

一是拥有技术优势的部分科研院所成果转化能力不足，生产企业独立研发实力不够雄厚，实际应用现场的环境条件在实验室难以模拟。而研发、制造、应用之间沟通合作不畅，存在研发出的机器人实用性不强的现象。二是相关行业间沟通不足也对打造安全市场需要的机器人制造了障碍。安全领域机器人具有特殊性，不仅需要具备机器人感知、决策、执行等基本特征，还要适应各类复杂变化环境的特殊要求，如火灾现场的防火耐高温、危化品泄露现场的防腐蚀性、地下矿山的防粉尘与防爆等，这些特殊环境分属不同行业，且专业性强，跨专业合作研发能力不足使机器人很难跨越行业门槛。三是我国安全应急机器人企业的竞争力、产业链整合和辐射能力有待提升。四是产业链协同不足。政府、企业和研究机构缺乏紧密的协作机制，企业间、企业与下游需求方信息不对称，资源不共享，尚未形成高效的产业链上下游合作关系。

三、安全应急机器人市场仍有待挖掘

安全应急机器人虽存在巨大的潜在市场，但并未充分调动和开发。一是安全应急机器人在机器人产业强势发展浪潮中属于弱势和冷门。自2013年我国成为全球最大的机器人市场以来，其市场份额每年保持高速增长，但安全应急机器人所占的市场比例仍较低。二是安全领域机器人应用环境较复杂，不确定因素较多，还处于变化中，受现有技术和人机协作程度的限制，大部分机器人在安全应急领域的应用尚处在初步探索阶段，作业能力和智能化水平与安全应急领域结合的方式及应用场景还有待创新。三是安全应急机器人产业配套服务不健全。我国在安全应急机器人标准体系尚不健全，测试与验证能力不足，测试环境与灾害事故现场基础环境差距较大，装备认证体系也亟待建立。

四、同质化恶性竞争对产业链提升造成不利影响

首先，大量企业随着机器人概念和投资的热度迅速涌入，但拥有自主研发或生产制造能力的企业较少，机器人可靠性和安全性距离应用需求和期望还有较大差距。其次，从机器人行业整体来看，国外品牌拥有技术优势，而我国大部分企业以组装和代加工为主，利润率低也导致没有足够资金投入新产品研发，很难在安全应急细分领域实现突破创新，在同类型产品竞争中也处于劣势。再次，我国安全应急机器人目前还处于发展初期，尚没有形成产业集聚发展的态势。

第四章

安全应急无人机

第一节　发展现状

安全应急无人机是一种无人驾驶飞行器，由航空器、通信链路、控制系统和电源系统组成，其设计用于在灾难或紧急情况下执行救援任务，通常搭载了各种传感器、摄像头、货物投放装置和其他设备，以支持搜索、监视、救援和通信等任务。在应急救援中，无人机扮演着至关重要的角色，能够快速部署到灾区，并提供实时空中视角，帮助救援人员确定受灾情况、搜索失踪者、评估灾害损害程度以及规划救援行动。无人机的灵活性和高效性使其能够在复杂的环境中执行任务，同时减少人员风险。通过快速响应和准确的数据收集，应急救援无人机不仅能够提升救援的效率，还能确保人员伤亡和财产损失降到最低。

近年来，随着人工智能、遥感等技术更加趋于智能化，无人机的研发与制造日益成熟和完善，并在农业生产、遥感测绘、防灾减灾、大众娱乐等领域得以广泛应用。来自中国民航局的统计，2023 年底，中国实名登记的无人机已有 126.7 万架，与同期相比，增长了 32.2%。《国家突发事件应急体系建设"十三五"规划》已明确将无人机纳入应急救援体系专业装备，无人机在巡检、通信中继、物资运送等安全应急领域发挥越来越重要的价值。《"十四五"国家应急体系规划》也提出，要推广应用无人机等高技术配送装备，以提升应急运输调度效率。2024 年全国两会的政府工作报告提出，低空经济成为发展"新质生产力"的新引擎。无人机作为其主力军，已然成为航空应急救援中不可或缺的中坚力量。

一、安全应急无人机发展概况

无人机主要依赖遥感技术在应急救援中发挥重要作用,遥感技术的通信、定位遥感和传感更是得到广泛应用。无人机遥感系统就是通过遥感技术的定位、通信和传感器等功能来控制无人机的飞行,对无人机的控制分为地面控制和机载控制。地面控制主要是通过无线通信对无人机下达飞行指令并完成收集数据的任务,收集的数据被用于处理、建模和分析遥感数据,从而实现飞行操作的自动化和智能化。无人机遥感系统与卫星和载人航空遥感相比,无人机遥感系统具有更强大的时空分辨率和实时性,从而在获取救援信息方面显现出超强优势。由于无人机遥感系统具有根据需要搭载各种设备,如高清摄像机、热成像仪和红外夜视仪等功能,充分地满足了各类救援需求,极大地提升了救援效率。

纵观全球,将无人机纳入应急救援系统已被众多国家采纳。1996年,以色列开始用无人机监测火情,2006 年美国将无人机应用于飓风灾害的搜索救援,日本在 2011 年地震引发的核泄漏中,充分使用无人机搭载的传感器准确检查核辐射范围。我国使用无人机应急救援始于2008 年汶川大地震。受灾区域内通信线路被严重破坏,航测飞机受环境影响无法航拍,致使外界无法获取受灾情况信息,不能及时展开救援。无人机的遥感航拍技术首次得以应用,将现场图像准确传回指挥中心,专家和指挥人员借此研判灾情决策,此后无人机被正式应用于救援工作中。全球领先的民用无人机及航拍技术公司大疆(DJI)于 2023 年发布了最新"无人机救援地图"统计数据,数据显示,全球已有超过 1000人在无人机直接参与的救援任务中获救。这说明无人机技术已经在紧急救援领域发挥了关键作用,并成为全球紧急救援新体系中的重要科技组成部分。

近年来,我国民用无人机市场规模高速增长,并在实际应用中技术逐步优化。据网上公开报道的数据显示,2022 年中国民用无人机应急救援领域市场规模达 35.17 亿元,同比增长 46.37%,预计到 2024 年达到 80.29 亿元。截至 2023 年底,我国已有超过 2300 家企业从事民用无人机的研发,生产的无人机超过 1000 款。经民航局批准,先后有 17 个民用无人机试验区和 3 个试验基地已投入使用,覆盖范围包括城市、海岛、支线物流等典型运行场景和应用。通过信息化和数字化管理技术的支持，安全应急无人机正在快速发展壮大。如广州于 2023 年建立以无人机应急救援为主的救援中心，救援中心拥有 200 架多型号的无人机，与之相配套的救援设备，包括应急视频、应急照明、应急通讯、应急测绘等设备以及人员搜寻、应急广播、物资投送等服务，为应对灾害事故提供了多方面支持。救援中心自主研发的处于国际领先水平的无人机载荷产品，如矩阵照明灯、数字音频广播系统、排爆机械臂、云台探照灯等为应急救援提供强有力的保障，在各类应急救援中发挥巨大作用。救援中心全年 24 小时处于待命状态，随时听从市、区两级相关部门的调度指挥。救援中心的救援队员具有实战经验，大多参加过 60 多次广东省内外的应急救援行动。

二、安全应急无人机产业链分析

安全应急无人机的制造设计研发及原材料供应是产业链的关键，其次为无人机整机及组件制造，上游、中游顺达通畅，下游的应用以及监管服务领域，包括应急通信保障、安全生产监测、灾难救援、应急演练、空域管理、测试验证等。安全应急无人机产业链图谱如图 4-1 所示。

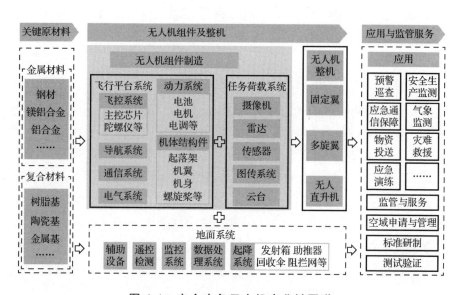

图 4-1 安全应急无人机产业链图谱

（数据来源：根据公开资料整理，2024.05）

我国无人机产业已经形成了完整的产业链，并且处于世界先进行列。其中，小型无人机已经居于世界统治地位，中、大型无人机已经可以与国际先进水平一较高低。同时，我国无人机制造能力在国际上处于领先地位。依托我国强大的工业制造能力，无人机产品的性能、质量、价格处于先进行列，并不断在远程控制、高精度定位、实时传输等多种功能，以及载荷能力、飞行稳定性、续航能力等方面取得突破。我国的无人机企业正在不断推出具有竞争力的产品，并逐渐建立了自己的品牌形象。特别是在中东、非洲等地区，中国的无人机已经被广泛采用和认可，成为国际市场的一个重要参与者。

三、安全应急无人机主要应用场景

灾害现场实施监测与指挥调度救援。无人机的主要任务是在紧急救援时利用高清摄像监视救援现场并对指挥救援工作提供辅助。灾难造成的伤害瞬息万变，如爆炸事故中常发生二次爆炸，地震后可能余震不断，也有可能引发山体滑坡、泥石流等连带灾害。救援无人机基本不受地形和夜间等条件影响，随时按指令进入现场实施监测。救援无人机不仅能通过搭载的可变焦高清摄像装备，调整悬停高度和拍摄角度，还能无阻碍多维度全方位拍摄展示现场细节，并进行现场应急测绘，借助图像传输设备准确将灾难实况送达现场指挥部。目前，深圳道通智能研发制造的"龙鱼"无人机在原有的基础上实现了 30 公里数据传输，为应急救援工作提供了强有力的技术保障。决策者不仅根据传回的准确数据全面细致了解灾难现场状况，及时做出科学有针对性的决策，而且为协调各方救援力量提供科学依据。救援无人机通过搭载的微光夜视设备或热成像设备实现夜间观测，并通过携带的气体检测设备检测灾区有无毒气的泄漏，如果灾难区域存在潜在风险，多架次救援无人机连续飞行，对受灾区域实施不间断监控追踪，及时向指挥部提供灾情动态，帮助指挥者根据灾情动态变化迅速做出相应的救援方案。例如，无人机可以携带热成像设备在森林火灾现场完成动态监测，及时将监测到的火场边界、火情蔓延趋势等信息传达指挥部，为消防部门准确灭火提供科学依据，为消防人员依据火情确定进退路径。

灾区现场通信中继服务，为灾情报告、指挥调度提供服务。准确、及时的信息是开展应急救援的关键，是保护灾区群众生命和财产的科学依据。当灾区的通信基站受到严重损坏无法运作时，救援无人机搭载的中继设备可以完美接替通信设备，保障信息畅通，另一方面也能直接参与救援。

向灾区投送急需物资、材料，直接支援救援行动。受灾地区陷于交通瘫痪，地面运输物资和救援设备瘫痪，海上施救无法展开，航空救援成为有效的唯一救援方案。大中型无人机成为首选，除了以一定的负荷能力运送物资，还可以灵活将救生圈投送给溺水人员，可以操控无人机飞行，使其按规划航线，精准投送灾区所需物资。在 2023 年的暴雨洪涝灾害中，北京市政府派出航空队出动多架次救援无人机分别前往昌平区、房山区和门头沟区等受灾村庄，成功运送灾区所需食品、药品、食用水等急需物资 1.8 万余份。同时，联合航空部队出动 TD550、TD220 无人驾驶直升机和 TA-Q20 多旋翼无人机，圆满完成了灾区物资运输、灾区现场监测和通信中继等应急救援任务。

搜索救援。在救援行动中，生命救援是首要任务，是重中之重。无人机搭载的远程喊话模块，通过空中近距离的喊话功能准确传达救援指令，确保受灾人员按照指令安全有序疏散接受救援。无人机有效利用热成像技术及搭载的生命探测仪，在能见度低或掩盖物密布的极端恶劣的环境下也能实施探测，及时检测生命迹象并锁定受灾人员的位置，为救援人员提供准确信息达到及时定点施救。由瑞士研发的无人机已达到通过手机 WiFi 信号来缩小搜索范围的水平，这款无人机在地震、雪崩等灾害的救援中，可根据信号强弱精准判定被困人员的位置和掩埋深度，大大提高了救援的成功率。

第二节　存在问题

一、救援参与机制亟须健全

应急救援体系不健全缺乏系统化的运作，整体协调和调度难以实现。首先，无人机救援缺少法律保障，我国针对无人机救援的相关法律只停留在概括性描述上，没有形成体系化。由于无人机救援实施者的法律地位模糊不清，从而导致救援工作得不到法律保障，救援操作缺乏科学性，无相应标准界定。现行法律规定对开展应急救援所涉及的交通运输、气象、公安、农业等领域的需求没有相关界定。其次，我国对低空空域的管理限制了空中实施救援，即使有所开放，但开放程度缓慢，而低空空域是无人机应急救援的必要场所，目前对无人机的管理还是在全国范围内限制或禁止其飞行。而空域申请的审批程序又很烦琐，使无人机的应用严重受阻。在我国无人机属于新兴产业，日趋成熟且发展速度迅猛，但低空空域的条条框框极大地制约了救援无人机在应急救援领域的发展。虽然我国在法律中明确了"统一领导、分级负责"的管理原则，但在航空应急救援实际操作推进过程中仍困难重重。各部门各司其职，缺乏系统间的协同机制，疏于对无人机的管理，监管职责不明确，信息不透明不共享，无人机空域申请困难，程序过于复杂烦琐，极可能错失黄金救援时机，阻碍救援行动展开。

二、技术研发仍存在短板

无人机应急救援在技术领域仍存在短板。一是对安全应急应用场景研究还很初级，不能系统地开展应急救援场景的精确分析、仿真研究，这制约了将无人机的新质力量与安全应急救援任务精准对接，创造性地开发出新的应急救援需求，对无人机在安全应急领域的运用牵引力不足。二是无人机产业链尚不能完全自主可控，影响到安全应急无人机在使用上的效能发挥。我国在高端电子元器件、光电基础、基础软件、基础算法模型等方面与国际先进水平有较大差距。例如，我国高端光电设备与国际先进水平有代差，侦察图像质量不能令人满意，影响了侦察效能的发挥。三是大型应急灭火救援无人机系统国内已开发但性能质量与国外存在差距。国内无人机多以通信侦察改装为主，相比国外产品带载能力受限，难以有效满足应急使用条件。四是无人机数据到最终用户服务的"最后一公里"还没有畅通。由于无人机产业尚处于发展期，经济效益还没有显现，无人机专业的数据收集、处理、情报整编等环节还未完全打通，需要对全产业链进行梳理和统筹。

三、专业救援队伍有待建立

无人机在我国属于新兴技术产品，无论是日常维护和管理，还是技术操作，尤其在应急救援时，都必须由专业技术人员来把控和操作。由于无人机目前仍处于发展初期阶段，专业人员技术培训机制和应急救援常备支援力量十分缺乏，急需相应完善。无人机驾驶员更多的是业余爱好者，在日常操作中虽然技术娴熟，普遍存在操作不规范、面对突发状况明显经验不足，无法胜任复杂多变、环境恶劣的救援任务等。据民航局初步统计显示，截至 2023 年底，我国无人机驾驶证现有持证者已达 19.44 万人，但据国家人社部预测，未来 5 年我国无人机驾驶员需求达百万人之多，这意味着我国现有的持证人数远远不能满足未来发展需求。专业技术操作人员因技术缺陷且数量不足直接导致了专业救援队伍的参差不齐。目前，我国民用无人机参与救援需经民航局与相关无人机协会进行沟通商定才能确定无人机是否有参与救援资格，目前我国在航空应急救援领域、低空应急救援领域还没有形成建立专业的无人机救援队伍。此外，在我国各区域各部门的管理模式存在差异，重视程度不同，导致专业救援设备及救援人员水平参差不齐，即使救援人员有证驾驶，但由于实战救援经验不足，很难胜任救援任务。

第五章

大型抢险救援装备

第一节 发展现状

一、重点产品情况

大型抢险救援装备是指在自然灾害、事故灾难等各类突发事件的应急响应过程中，发挥抢险救援能力的大型装备。大型抢险救援装备通常能够快速缓解灾情影响、打通应急救援通道、减轻救援人员劳动强度、提高救援工作效能，且多具有平时服务、灾时应急的特点。该类装备主要包括各类消防车、航空应急救援装备、工程抢险救援机械、大流量排涝装备、多功能应急救援装备、多用途工程车等。在经历了由仿形设计到自主创新、由替代进口到出口国际的发展历程后，目前我国已成为世界大型抢险救援装备制造大国和主要市场之一，形成了较为完整的产业链。但产品在技术水平、可靠性等方面距离国际先进水平还有一定差距，正处在由中端到高端、由低附加值到高附加值、由制造大国到制造强国发展的关键时期。

随着我国装备制造技术、工艺和水平不断提升，国内市场满足率从2012年的不到90%提高到目前的96%以上，挖掘类、起重类等主要产品产量居全球第一，在江苏、湖南、山东、广西等地形成了一批规模效应明显、产业链带动性强的产业集群。例如，随着我国的消防车自主技术研发能力的不断提高、合资研发生产的延展、研发资金人力投入的不断增加、军民技术融合的不断推进，有针对性地研制适应当前多样化、复杂化、专业化实战需求的消防专业车辆，消防车进口数量从 2020 年最高点 143 辆已经降至 2023 年的 32 辆，国产消防车替代效果越加明显。

二、产业规模

大型抢险救援装备产业规模难以测算。一方面，大型抢险救援装备产业涉及行业领域范围广、产品门类多，仅工程机械一类，我国就拥有 20 大类、109 组、450 种机型、1090 个系列、上万个型号的产品设备，很难测算出装备整体的产业规模。另一方面，大型抢险救援装备多处于平急两用模式，由于自然灾害、事故灾难的发生具有极大偶然性，通过地方政府在应急时购买租赁服务、在平时实施合同储备的方法对产业规模进行测算不具有连续性，难以反映出大型抢险救援装备产业的真实规模。据国家统计局和部分行业机构的数据显示，2023 年我国工程机械主要品类销量 177 万台，其中挖掘机累计产量 235765 台；2022 年消防车市场规模约为 58.75 亿元，其中重型消防车市场规模约 15.49 亿元，中型消防车市场规模约 25.89 亿元，轻型消防车市场规模约 17.37 亿元，消防车总产量达 7775 辆，需求量约为 7550 辆。受宏观经济增速放缓、疫情反复、采购数量下降、工程有效开工率不足等因素影响，大型抢险救援装备行业营业收入有所降低。代表企业有徐工集团、中联重科、三一重工、山河智能、福建侨龙应急装备股份有限公司等。

三、产业链图谱

大型抢险救援装备产业上游为主要零部件，包含钢材、发动机、液压系统、底盘、轴承等，中游为装备制造和服务企业，下游主要应用于火灾扑救、抢险救灾、消防救援等具体场景。其中应用场景主要包括三类：一是城市内涝、暴雨洪灾中用于防汛排涝应急抢险决口封堵等情况的大流量积水抽水；二是在台风、地震、滑坡、泥石流等抢险中实现破拆支撑、起重顶撑、切割钻孔、埋体挖掘、固定打桩、吊升牵引、道路抢通等功能；三是在灾后重建中用于废墟清理、强堤固坝等；四是各类火灾事故现场灭火救援工作。大型消防抢险救援装备产业链图谱如图 5-1 所示。

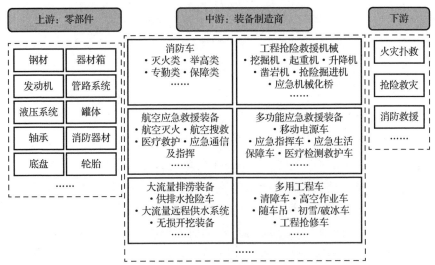

图 5-1　大型消防抢险救援装备产业链图谱

（资料来源：赛迪智库安全产业所整理，2024.05）

四、重点企业

徐州工程机械集团有限公司，成立 30 年来始终保持中国工程机械行业排头兵地位，目前排名全球工程机械行业第 3 位、中国机械工业百强第 4 位、世界品牌 500 强第 395 位，产品囊括了土方机械、起重机械、桩工机械、混凝土机械、路面机械、矿业机械、高空作业平台、环境产业、农业机械、港口机械、消防救援保障装备等。目前，已出品的各类登高平台消防车、举高喷射消防车、云梯消防车、罐类消防车、城市主战消防车在国内市场占有率非常高，还有自主研发的"钢铁螳螂" ET120 多地形智能应急救援平台，垂直式、子母式、泵组式三大类供排水抢险车，高速挖掘装载机，100D 模块化步履挖掘装载机等一系列耳熟能详的应急救援明星产品。

三一重工股份有限公司，主业是装备制造业，主导产品有混凝土机械、挖掘机械、起重机械、筑路机械、桩工机械等全系列产品，目前在全球工程机械行业排名第 4 位。其混凝土机械稳居世界第一品牌；挖掘机械在 2020 年首夺全球销量冠军；此外，大吨位起重机械、履带起重机械、桩工机械、成套路面机械连续多年稳居中国市场占有率第一。目前，已出品压缩空气泡沫消防车、消防无人机、专勤类消防车、战勤保障类消防车、举高喷射消防车、登高平台消防车等大型消防抢险救援装备。其在全球首创全折叠大跨度举高喷射消防车，创新了国内高层消防灭火的新战法。凭借完善的服务网络，与全国 21 个省市建立战略合作，全方位对接三一产品和服务网络，第一时间到达救援现场。

中联重科股份有限公司，创立于 1992 年，主要从事工程机械、农业机械等高新技术装备的研发制造，主导产品涵盖 18 大类别、106 个产品系列、660 个品种，是业内首家 A+H 股上市公司，注册资本 86.67 亿元，总资产 1315 亿元，位居全球工程机械企业排行第 7 位。中联重科应急装备公司是工业和信息化部首批国家应急产业重点联系企业，在应急领域已与应急管理部森林消防局和多省消防救援总队、森林消防总队以及多个地、市消防救援队伍达成战略合作，先后研制成功全球最高的 113 米登高平台消防车、全球首款森林隔离带开辟车、全球最高 63 米大跨距特种举高喷射消防车、亚洲最高 60 米直臂云梯消防车等引领行业发展的诸多产品，广泛应用于消防、水域、地质气象灾害、森林火灾、危化事故等各类应急救援领域的实战与演练。

福建侨龙应急装备股份有限公司，主要从事供排水应急装备的设计、研发、生产和销售，自主研发形成的"龙吸水"系列供排水装备经水利部组织专家鉴定为"填补国内外市场空白，总体技术指标及性能达到国际领先水平"，产品成功销往全国各地 30 个省（市、自治区），主要用于市政、公路应急排水；突击防洪排涝，围堰抽水；抗旱抢险，农业灌溉；抽排清理污染水面；无固定泵站及无电源地区的抽排水等。特别适用于城市地下车库排涝、地下通道、高速公路隧道、涵洞、地铁、厂矿及其他低矮环境、不适宜人员进入的排水场合。相关装备在北京"7·21"特大暴雨、2020 年南方洪灾、2021 年河南郑州特大暴雨等灾害抢险行动中发挥了重大作用。

第二节 存在问题

一是市场需求受灾害发生概率和严重程度影响较大，区域应急救援装备保障体系不完善，市场进入门槛高、周期长，应用场景有限，装备

配备率和总体利用率有待提升；二是装备在极端环境精准感知、多维信息自主决策、特殊环境可靠性能等方面有待提升，轻型化、模块化、智能化装备仍不足。三是受产量和自主研发技术不足限制，产业链上游部分产品对外依存度较高，如底盘、液压系统等，目前国产 50 米以上举高消防车产品基本全部采用进口底盘配置，50 米以下举高消防车和专勤灭火类消防车有国产和进口底盘两种配置，可根据客户需求进行选择。

第六章

消防装备

消防装备是指为火灾和抢险救援使用的专用产品、设备、器材等。消防装备关系消防员生命安全，是消防队伍的核心战斗力之一，也是保障灭火救援任务完成的重要基础。根据《城市消防站建设标准》及其他消防装备技术标准，消防装备共有5大类、240余种，其中消防车（含战勤保障车辆和工程机械）50余种、抢险救援器材100余种、灭火器材20余种、消防员个体防护装备50余种、灭火药剂20余种。消防车主要包括登高平台消防车、云梯消防车、远程供水消防车、特种消防车等及其附件；抢险救援器材主要包括破拆工具、生命探测仪器等；灭火器材主要包括灭火器、消防泵、水枪、消火栓、泡沫设备、自动灭火设备等；消防个体防护装备主要包括消防员防护服、消防头盔、氧气呼吸器等。

第一节　发展现状

一、政策环境不断改善，消防装备产业有序发展

随着经济的迅速发展，政府对消防事业重视程度不断提高，消防装备的政策环境逐步完善，促进了消防装备产业的有序发展，更加适应新时期消防工作的要求。2019年，中办、国办印发《关于深化消防执法改革的意见》，提出取消消防产品市场准入限制，放开产业政策限制，允许企业自主投资新建项目，将消防车、消防装备产品等13类消防产品全部取消强制性产品认证。这为国产品牌参与高端消防市场竞争提供

了有力保障，促进消防装备制造企业的自主性和积极性，引导企业推出新产品，抢占市场先机。2022年，国务院安全生产委员会发布《"十四五"国家消防工作规划》，提出要加快应急装备现代化建设，推进应急装备通用化、系列化、模块化，提高"全灾种"应急救援攻坚能力。打造"高精尖"攻坚装备集群，加快轻量化、智能化、多功能、高性能装备科研攻关、示范应用和采购配备，推动无人化和远程遥感技术实践应用。2023年，工业和信息化部等五部门联合印发《安全应急装备重点领域发展行动计划（2023—2025年）》，在重点发展的十大领域中，有城市特殊场景火灾和森林草原火灾两大领域涉及消防装备，同时提到要围绕消防装备等重点安全应急装备完善产业链，梳理绘制重点装备产业链图谱，聚焦关键节点，支持龙头企业担任产业链链主，以点带链补短板、锻长板，增强产业链稳定性和竞争力，推动产业数字化转型，提升产业链现代化水平。同年，应急管理部、工业和信息化部发布《关于加快应急机器人发展的指导意见》，提出重点针对城市火灾智能化救援需求，加强地面消防机器人研制与功能升级，针对城市高层建筑火灾、地下有限空间事故等复杂危险场景，研制适用于灭火、搜索、救援、排烟等任务的机器人等。

二、产业规模逐渐增长，装备供给能力显著增强

政府日益重视消防产业发展，不断推动消防装备市场规模不断扩大，基本保持了平稳增长的态势。据相关机构数据，截至2022年，我国消防及相关服务行业市场规模达到4509亿元，相比2020年增长17.3%，消防装备市场规模为1315亿元，相比2020年增长了14.8%，其中，消防车销量达8880辆，市场规模约为59亿元。从我国现有的消防装备种类来看，已基本实现了消防车、消防器材、消防个体防护装备的全面覆盖。据统计，我国从事消防装备生产、销售并取得强制性产品认证证书的企业有：消防车企业45家、消防员防护装备企业130余家、抢险救援器材及灭火器材企业1100余家、灭火药剂企业170余家。既包括如中消集团、国泰消防等行业内"大而全"的领军企业，也包括如徐工集团、三一重工等"专而精"的优质企业。

三、自主研发能力持续提升，国产化替代效果明显

随着消防装备自主技术研发能力的不断提高、合资研发生产的延展、研发资金人力投入的不断增加、军民技术融合的不断推进，有针对性地研制适应当前多样化、复杂化、专业化实战需求的装备，我国消防装备在关键领域不断实现技术创新突破，实现国产化替代，提升国内外市场占有率。以消防车研发为例，徐工集团早在 2010 年就完成 100 米登高平台消防车研制，打破国外百米级举高消防车技术垄断；88 米登高车也已获得国内市场准入，整机综合性能与博浪涛 F90HLA 相当，同时规避了进口产品存在的后悬超标问题，具备替代进口产品的基础。三一重工在全球首创全折叠大跨度举高喷射消防车，创新了国内高层消防灭火的新战法。中联重科先后研制成功全球最高的 113 米登高平台消防车、全球首款森林隔离带开辟车、全球最高 63 米大跨距特种举高喷射消防车、亚洲最高 60 米直臂云梯消防车等引领行业发展的诸多产品。从中国海关数据来看，消防车进口数量从 2020 年最高点的 143 辆已经降至 2023 年的 32 辆，国产消防车替代效果越加明显。

2014—2023 年我国进口消防车数量及金额如图 6-1 所示。

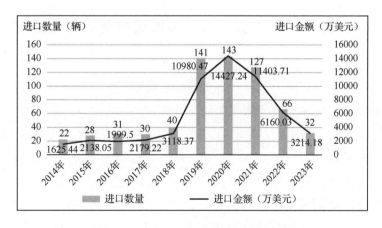

图 6-1　2014—2023 年我国进口消防车数量及金额
（资料来源：中国海关，2024.05）

四、新一代信息技术赋能，装备智能化成为趋势

2022 年 4 月，国务院安委会发布的《"十四五"国家消防工作规划》中提到"加快消防信息化向数字化智能化方向融合发展"。随着物联网、大数据和人工智能等技术的不断发展，消防装备越来越趋于智能化，信息技术与传统消防装备相结合产生新的产品形式和解决方案，智能灭火器、智能火灾探测器等产品涌现。例如，我国企业研发的消防机器人采用集智能移动平台和自动消防炮为一体的技术，在火情复杂、未知危险系数大的情况下，既可保证人员安全，又能提升救火效率。此外，部分地区积极布局智慧消防平台，通过传感与通信技术，将消防设备设施（消防栓、高位水箱、消防池、灭火器等）与灭火救援涉及的各要素所需的消防信息连接，实现实时监测火灾隐患，远程监控和数据分析，自动判断火情并触发报警，为消防部门提供准确的数据支持，优化资源配置和救援方案，提高预警和应急处理能力，原有的消防工作以"消"为主的格局，转变为现在的以"防"为主的模式。

第二节　存在问题

一、关键技术存短板，部分装备国产化步伐缓慢

我国消防装备在关键技术指标、耐久性、合理化等方面与发达国家相比仍存差距。由于火灾应用场景更加极端、严苛，短板"更短"的现象更加明显，技术短板问题在消防装备领域表现更加突出。例如，消防车工作环境较为复杂，对车辆及其底盘的耐腐蚀、抗冲击等性能及其稳定性有着更高的要求。而国产底盘在消防应急救援领域应用时，其产品性能、稳定性与可靠性等无法满足需求。目前国产 50 米以上举高消防车产品基本全部采用进口底盘配置，50 米以下举高消防车和专勤灭火类消防车有国产和进口底盘两种配置。再如，消防避火服对服装材料的抗高温等性能提出较为极端苛刻的要求，在材料领域的技术短板暴露更为突出，消防员个人防护用具方面还需进一步提高其适体性。

二、中低端产品配置较多，模块化、智能化装备不足

当前，消防队伍在装备建设方面投入加大，装备配置种类和数量有所提高，但与当前复杂的消防救援任务、危险处置要求还有距离，中低端产品配置较多，存在性能不佳、质量不过关的问题。例如，在消防车配置方面，不少执勤车配备的是中低端底盘，缺少足够高性能攻坚装备，并且灭火救援装备质量差、性能差，损坏概率高，难以保证其可靠性。此外，消防装备个性化、成套化特点明显，国产装备在集成设计和性能方面仍存在短板，针对特定需求场景的装备集成设计能力不强，装备在极端环境精准感知、多维信息自主决策、特殊环境可靠性能等方面有待提升，轻型化、模块化、智能化装备仍不足。

三、特种消防装备有欠缺，供需匹配仍需加强

部分地方消防部队在装备配备建设过程中，主要集中在配备基本作战车辆、消防员防护用具等方面，在常规灾害事故处置中基本可以满足需要。但针对发生恶性火灾事故的特殊场景，特种消防装备仍存在配置结构不合理的问题，难以适应其攻坚作战要求。例如在地形复杂的山区，需要配备更多的越野型消防车辆和装备，在人口、建筑物密集的城市地区，需要配备更多的水罐消防车和高喷消防车等。对于大跨度仓储物流用房、超高层建筑、大型商贸综合体建筑、石油化工、地震救援等特殊任务，还需开发专用消防车和专用消防器材，以满足特殊消防救援任务的需要。

第七章

露天矿用无人驾驶装备

矿山无人驾驶装备采用"5G+无人驾驶"技术，可完成矿车作业流程"装、运、卸"的无人自主运行。通过对采矿企业、矿车生产企业、矿山无人驾驶装备研制企业的调研访谈，以及分析产业链发展情况，从经济效益方面来看，目前我国露天矿山无人驾驶装备市场规模近30亿元，2025年预计可达200亿元，潜在市场空间近3000亿元；从安全效益方面来看，矿山无人驾驶装备可有效降低矿石运输和装卸环节人员安全风险，显著提升露天矿山生产作业的本质安全水平。

第一节 发展现状

一、国外发展情况

国外矿山无人驾驶装备商业化产品相对成熟。重点企业包括卡特彼勒、小松、日立等矿车主机厂，ASI、Modular Mining等无人驾驶系统解决方案提供商以及必和必拓、力拓、FMG等矿山能源公司。各方通过合作，矿车无人驾驶技术日趋成熟，在北美、西澳、南非等地区初步实现商业化应用，应用规模逐年增长。据不完全统计，至2021年底，国外在用无人驾驶矿车约2000辆，其中澳大利亚应用无人驾驶矿车较为成熟，其铁矿石巨头FMG集团在用无人驾驶矿车137辆，累计行驶了3350万公里，运输超过10亿吨矿石物料，生产效率比传统人工运输提升30%。

二、国内发展情况

1．市场空间

据车载信息服务产业应用联盟统计，截至 2022 年底，我国露天矿山在用运输矿车约 10 万辆，应用无人驾驶系统的矿车只有约 500 台（应用于煤矿的约 60%、金属矿山的约 25%、其他矿山的约 15%），市场规模近30 亿元（包括无人驾驶矿车市场规模、由无人驾驶矿车应用产生的运输服务市场规模），预计 2025 年可达 200 亿元，潜在市场空间近 3000 亿元。

2．实施效果

通过矿山企业的反馈来看，相关企业通过不断优化感知算法、完善控车策略、优化路径规划和完善地图编辑工具等一系列措施，有效提升无人驾驶运行效率，少数矿山企业率先实现了安全员下车"早、中、夜"三班运行，实现矿卡全流程无人驾驶，运行效率达到有人驾驶的 85%～92%。同时少数矿区实现了相对封闭区域内的卡车、电铲、推土机、洒水车等辅助设备无人驾驶协同作业。

3．关键技术

矿山无人驾驶装备的关键技术包括：

一是定位与导航技术。定位采用 GPS/IMU/RTK 等模块实现厘米级别的精准定位；导航采用高精度 RTK 和无人机地空摄影技术，在智能航行模式下实现矿区地形数据的自动采集及高精度 3D 模型构建。

二是感知与决策算法。应对不同时间段和气候环境，系统提供商普遍采用激光雷达+视觉+毫米波雷达相结合的方案进行全天候感知；决策算法是依托机器视觉技术及传感信息的融合处理，通过障碍物识别、路径规划等，实现矿用车辆在特定道路上的无人驾驶、自动避障、自动倒车等运动。

三是基于 5G 和车联网技术（V2X）的远程操作。5G 技术解决了矿山特殊复杂环节的信号传输技术瓶颈，实现了基于 5G 网络的超远程精准控制和运输装备智能采编的运行；V2X 技术为矿车提供全天候环境感知能力，能充分应对复杂道路的交通环境。

四是云端调度技术。实现云端感知、最优路径规划、全局及局部车

流规划，突发状况预警等功能。目前矿山很多场景对云端调度系统的需求还不够明显，随着矿山无人驾驶装备数量的增加，云端调度作为核心系统，将越来越重要。

4. 产业链

矿山无人驾驶装备产业链由传感器、芯片、车载通信系统、导航定位等上游厂商，自动驾驶解决方案供应商，运载装备制造商为主的中游企业，以及各类矿山、运输服务商、矿山工程建设单位为代表的下游企业组成。从产业链总体情况来看：产业链上游产品占无人驾驶系统总成本比例较高，高端芯片供给商仍是以英特尔、AMD、高通等为主，但随着地平线、华为等企业的崛起，芯片国产化替代步伐正在逐步加快；在激光雷达、毫米波雷达、摄像头等传感器领域，国内外企业在技术水平及产品市场占有率方面相差不大；车载通信系统、导航定位领域，国内企业占据主导地位。产业链中游是国内企业占据主导地位，绝大部分矿山单位采用的都是国内企业自主研发的"车-路-云"无人驾驶方案和矿山运输装备，其中北方股份生产的矿卡占据了国内 60%～70%的市场份额。

矿山无人驾驶装备产业链图谱，如图 7-1 所示。

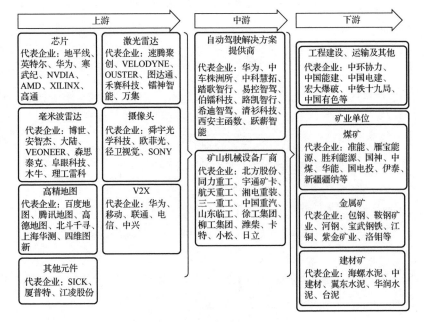

图 7-1 矿山无人驾驶装备产业链图谱

三、重点企业及产品情况

华为：华为露天矿无人驾驶解决方案将人工智能、云计算、车联网、智能驾驶、动态业务地图等技术，与现代矿山开采深度融合，采用车路云协同技术，整合车（智能驾驶计算平台+感知系统+算法）、路（5G+C-V2X）、云（自动驾驶云服务、动态业务地图、智能卡调系统）等领域优势技术，以商业化运营为目标，实现安全员下车常态化作业、多编组协同，综合效率与有人驾驶基本持平，解决了露天矿无人驾驶矿车面临的安全、效率、可靠性等难题，实现了露天矿无人驾驶矿车"采—运—排"全流程持续作业，并于2022年实现了商用。

中车：中车株洲电力机车研究所有限公司积淀了"器件、材料、算法"三大内核技术，将高铁领域的先进技术和理念用于智慧矿山领域，基于先进理念、系统规划的设计技术平台、制造技术平台和产品技术平台，提供中车智慧矿山系统解决方案，以更高能效的"天骄"矿卡电驱系统、"天行"车载无人驾驶系统、"天云"车-地-中心数字通信系统、"天合"无人运输作业管理系统和协同作业管理系统为核心，兼容机械/电传动、不同吨位车型，通过"应用一代，预研一代，探索一代"的理念逐步实施，满足矿山运用环境，为露天矿山提供安全、高效、经济、绿色的无人运输系统解决方案。

中科慧拓：在矿山无人化和智能化领域拥有雄厚的技术实力，以其世界首创的平行理论为支撑，研发了自主可控的平行矿山操作系统"愚公YUGONG"。作为全机型、多矿种、全场景适配的智慧矿山操作系统，"愚公YUGONG"的研发应用对突破关键技术"卡脖子"难题具有重要作用。

踏歌智行：专注矿车无人驾驶技术、产品研发和无人矿山整体工程化设计及实施，作为国内首个进军矿山无人驾驶领域的企业，踏歌智行在业内率先实现L4级无人驾驶，即7X24无安全员运输作业。截至2022年底，踏歌智行累计在手订单超过10亿元，智能化改造逾300辆矿车，市场占有率位居首位。

易控智驾：矿车无人驾驶技术解决方案提供商，业务主要聚焦矿区运输，提供完整覆盖"车-路-云"技术的无人驾驶方案。现已在新疆维

吾尔自治区准东经济技术开发区的天池能源南露天煤矿、国能集团准东露天煤矿、山东省济宁市邹城凫山骨料矿部署 70 余台无人驾驶矿卡。无人驾驶运输土石方总量超过 700 万立方米，运营里程 150 万公里，运营时长超过 2 年。已实现多编组全天候 24 小时无人化作业，作业场景涵盖"采—运—排"全部环节，无人驾驶运输效率达到人工效率的 80%，各项生产指标处于行业内领先地位。

北方股份：北方股份是我国专业从事非公路矿用车及其零部件研发、生产和销售的企业，拥有总装生产线、机加生产线、结构件生产线、备件库、保税库、维修车间、全套数控加工设备及质量检测设备，能够在一个园区完成从原材料加工到整车下线全部工序，能够生产 28 吨～400 吨全系列矿车产品，是全球唯一能在同一条生产线生产全系列矿车的企业。目前形成了从载重 91 吨机械传动矿车，到载重 330 吨电动轮矿车的系列化无人驾驶矿车产品，已经实现超过 100 台的无人驾驶矿车的新车销售。北方股份无人驾驶矿车及智慧矿山自动运输系统已经实现在白云鄂博铁矿、海螺集团、准能集团、霍林河煤矿、伊敏河煤矿、平朔煤矿、锡林河煤矿、巨龙集团等多个矿山的销售及应用。

第二节　存在问题

一、行业规范缺失

我国矿山无人驾驶技术研发应用较晚，目前还处于起步阶段，技术积累不足，只有一些行业机构组织编制的团体标准，而矿山无人驾驶技术标准体系、车辆装配及检测检验标准体系、应用场景指标体系、通信协议标准体系等国家及行业标准体系还尚未构建，造成针对矿区不同工况特点的通用性技术研发应用滞后、不同厂商及不同类型设备的混用导致数据交互障碍、无人驾驶系统各部分之间不兼容等问题。

二、露天矿车无人系统建设成本较高

矿车无人驾驶系统的建设成本主要包括三方面，分别是：矿车改造及传感器等设备成本、通信网络及设施成本、无人驾驶系统平台和路侧传感器建设成本。车端传感器中激光雷达等主要传感器的价格有所降低，但整体价格仍然偏高；目前5G基站建设虽然有政府补贴，但覆盖区域小，而无人驾驶过程对矿区的通信网络稳定性要求极高，单位区域内需要布设多个基站以保障通信稳定，建设成本依然较高；系统平台建设需要的高性能计算、处理和存储设备成本也较高；目前无人驾驶矿山基本都是后期改造，改造的成本全部是由矿山企业承担。以上决定了现阶段矿山无人驾驶装备建设成本居高不下，目前只是一些规模较大的矿山企业在使用，中小规模的矿山尚没有开始布局。未来随着技术迭代与优化，成本对其规模化推广应用的制约影响将逐渐减小。

三、无人驾驶矿山应用的技术难题

矿山无人驾驶技术是一项涉及多种技术的复杂系统工程，需要根据现场实际生产环境不断进行技术迭代和升级。目前，行业普遍存在基于大数据和深度学习的感知、控制和调度等关键技术的数据支持不足、数据积累不够。在未来较长一段时间内，还需要高精尖的研发人员长期亲自在现场全程跟踪无人驾驶卡车运行中遇到的问题，并及时推进技术升级。

四、无人驾驶领域人才较为缺乏

随着露天矿车无人驾驶产业规模的不断扩大，其研发岗位缺口随之扩大，特别是在系统、软件、算法三个领域中，计算机、电子信息、自动化类人才较为短缺。现有技术人员对智能化技术、自动驾驶硬件与软件系统的熟悉程度不足。同时，矿企缺乏专业的智能化运维队伍，仅依靠普通车辆运维人员通常无法对感知、控制等高精度硬件维护到位，难以全面发挥无人驾驶技术与装备的效用。

第八章

应急通信装备

第一节　发展现状

　　近年来，随着自然灾害、事故灾难等突发事件的频发，应急通信作为保障救援行动顺利进行的关键环节，其重要性日益凸显。为了将灾害损失降到最低，最大限度地保护人们的生命和财产安全，我国相关机构开始重新审视应急通信技术的发展路线，探索更多的技术创新，让科技赋能灾害报警和灾后信息重建。灾害和突发事故拥有两大显著特点，即不确定性和复杂性。不确定性体现在发生时间和地点上，因此，在应对时需要足够的可移动性和灵活性，应急通信器材能够做到快速运输、快速部署。复杂性，则体现在现场的环境和需求上，灾害可能发生在山区、沙漠、雨林，甚至是海上。现在的应急通信需求，既包括灾民的求救需求，也包括救灾人员的协调需求，还有管理调度需求，除了语音之外，也开始有了视频图像的通信需求。因此，应急通信手段需要具有很强的稳定性和抗干扰能力，能够提供多样化业务，并且拥有更强的性能、更大的容量。近年来，业界针对应急通信手段的创新，主要就是围绕这些特定需求展开的。我国应急通信装备在技术创新、产业升级、政策支持等方面取得了显著进步，为应急救援工作提供了有力保障。

　　应急通信行业的主要上市公司包括中兴通讯（000063）、飞利信（300287）、佳讯飞鸿（300213）、四创电子（600990）、榕基软件（002474）、烽火电子（000561）等。这些企业在应急通信设备的研发、生产和销售方面占据重要地位，形成了以华为、中兴为主的市场格局，同时有其他企业如中交通信、海格恒通、东方通信等并存。

应急通信设备主要包括应急中心设备、应急现场设备和应急抢险电话设备等。其中，应急中心通信设备以中心主设备、应急指挥平台、应急值班台、各种服务器、音视频终端、显示设备、网管以及路由器等网络接入设备为主。应急现场设备包含现场通信平台、移动通信终端、图像采集设备、海事卫星终端设备等。应急抢险电话设备包含电话机、区间复用设备、汇接设备、区间适配设备、区间引入线缆等抢险设备器材。

应急通信行业的上游主要由电子元器件、塑胶与五金结构件、通信零部件制造等组成，为行业提供必要的零部件支持。中游则包括卫星站、移动基站、微波站、手持终端等应急通信装备。下游应用场景广泛，涉及自然灾害、交通事故、公共安全事件、公共卫生事件等，主要使用部门为政府及应急部门。广东省是应急通信企业的主要聚集地，此外，陕西省、山东省、四川省、江苏省等地也有较多相关企业。

整体来看，目前我国应急通信装备发展主要表现出以下六方面特点：

一是市场规模持续增长。随着国家对应急管理工作的重视和投入，应急通信装备市场需求不断增长。一方面，政府对应急救援的投入不断增加，推动了应急通信装备市场的快速发展；另一方面，随着技术的进步和应用场景的拓展，应急通信装备的应用范围越来越广泛，市场需求持续增长。

二是技术创新不断加速。技术创新是推动应急通信装备发展的关键因素。近年来，我国应急通信装备在技术创新方面取得了显著进展。一方面，物联网、云计算、大数据等新一代信息技术的快速发展为应急通信装备提供了强大的技术支撑；另一方面，我国应急通信企业在自主研发和创新能力方面不断提升，推出了一系列具有自主知识产权的应急通信装备和解决方案。具体来说，我国在应急通信领域的技术创新主要体现在以下几个方面：第一是通信技术的升级。随着 5G、6G 等新一代通信技术的不断发展和应用，我国应急通信装备的通信速度和稳定性得到了显著提升。此外，我国还积极推动窄带物联网（NB-IoT）技术在应急通信领域的应用，为救援行动提供更加可靠的通信保障。第二是智能化发展。人工智能技术在应急通信领域的应用越来越广泛，包括智能调度、

智能分析、智能预警等方面。这些技术的应用不仅提高了应急通信的智能化水平,还提高了救援行动的效率和准确性。第三是网络安全保障。网络安全是应急通信领域的重要问题之一。我国应急通信企业在网络安全方面加强了技术研发和应用实践,采用了一系列先进的网络安全技术和措施,确保应急通信系统的安全稳定运行。

三是政策支持持续加强。政策支持是我国应急通信装备发展的重要保障。近年来,我国政府出台了一系列政策措施,加强对应急通信装备的支持和投入。例如,应急管理部制定发布了《应急指挥通信保障能力建设规范》(YJ/T 27—2024),该规范将于 2024 年 6 月 1 日起实施。这一规范的出台,旨在指导和规范应急指挥通信保障能力建设,提高应急指挥的科学化、高效化、精准化水平,推进应急管理现代化;《国家应急管理体系规划(2021—2025 年)》中明确提出要加强应急通信装备的研发和应用;《"十四五"国家应急体系规划》中也提出要加强应急通信装备的研发和生产能力。我国政府还加强了对应急通信行业的监管和规范,制定了一系列标准和规范性文件,确保应急通信装备的质量和安全性。这些政策措施的实施为应急通信装备的发展提供了有力的保障和支持。

四是装备升级换代加快。随着技术的不断进步和市场需求的变化,我国应急通信装备也在不断升级换代。一方面,传统应急通信装备在功能和性能上得到了显著提升;另一方面,新型应急通信装备不断涌现,为应急救援工作提供了更加全面、高效、可靠的通信保障。我国应急通信装备的升级换代主要体现在以下几个方面:第一,是装备功能的拓展。传统应急通信装备在功能上得到了拓展和完善,例如增加了视频传输、定位导航、数据共享等功能。这些功能的增加使应急通信装备在救援行动中的应用更加广泛和灵活。第二,是装备性能的提升。新型应急通信装备在性能上得到了显著提升,例如通信速度更快、覆盖范围更广、抗干扰能力更强等。这些性能的提升使应急通信装备在应对复杂环境和恶劣条件下的能力更强。第三,是装备智能化水平的提升。随着人工智能技术的应用和发展,应急通信装备的智能化水平也在不断提升。例如智能调度系统可以根据灾情信息自动制定救援方案;智能分析系统可以对灾情数据进行深度挖掘和分析等。这些智能化应用使应急通信装备在

救援行动中的效率和准确性更高。

五是实践应用日益广泛。我国应急通信装备在救援行动中的应用实践越来越广泛。在各类自然灾害、事故灾难等突发事件中，应急通信装备都发挥了重要作用。例如，在地震、洪水等自然灾害中，应急通信装备为救援行动提供了关键的通信保障；在火灾、交通事故等事故灾难中，应急通信装备也为救援行动提供了及时、有效的通信支持。这些应用实践不仅验证了我国应急通信装备的可靠性和有效性，也为后续的技术创新和产品升级提供了重要的参考和借鉴。

六是国际合作逐步深化。我国应急通信企业积极寻求国际合作机会，加强与其他国家和地区的技术交流与合作。一方面，我国应急通信企业积极参与国际救援行动和技术交流活动，学习和借鉴国际先进技术和经验；另一方面，我国还积极推动应急通信装备和技术的出口和应用推广，为全球应急救援工作贡献中国智慧和力量。这些国际合作不仅促进了我国应急通信装备的发展和创新，也提高了我国在全球应急救援领域的地位和影响力。

我国应急通信装备在技术创新、政策支持、装备升级、应用实践和国际合作等方面都取得了显著进展。未来，随着技术的不断进步和市场的不断扩大，我国应急通信装备的发展前景将更加广阔。日益先进的通信技术，不仅推动了社会和文明的进步，也大大改善了人们的生活环境和质量。随着新一代信息技术的快速发展和广泛应用，应急通信行业需要持续加强技术创新和标准制定，实现智慧化、网络化、协同化的应急管理，适应技术变革的需求。

第二节 存在问题

一、技术标准和规范体系不完善

各地区、各部门的通信设备和系统标准不统一，导致设备之间无法实现无缝连接和信息交换，给应急救援工作带来诸多不便。此外，缺乏统一的技术标准和规范体系也使设备在研发、生产、使用和维护等方面存在诸多难题，影响了设备的整体效能和可靠性。

二、产品质量参差不齐

应急通信装备市场竞争激烈，行业内企业众多，一些企业为了降低成本，采用低质材料或简化生产工艺，导致设备性能不稳定、寿命短、可靠性差。这些设备在紧急情况下可能无法正常工作，给救援工作带来严重影响。同时，激烈的市场竞争也导致一些企业忽视技术研发和产品质量提升，只追求短期利益，进一步加剧了市场乱象。

三、安全保障和隐私保护问题

随着信息技术的快速发展，应急通信装备在信息安全和隐私保护方面面临着越来越大的挑战。一些设备在设计和生产过程中缺乏足够的安全防护措施，容易受到黑客攻击或信息泄露的威胁。此外，在应急救援过程中，通信内容可能涉及敏感信息，如人员位置、救援方案等。如果这些信息被泄露，将给救援工作带来极大风险。

四、应对极端天气和复杂环境的能力不足

在极端天气和复杂环境下，应急通信装备的稳定性和可靠性受到极大挑战。一些设备在恶劣环境下可能无法正常工作，如高温、低温、潮湿、沙尘等环境。此外，一些设备在复杂地形和建筑物内部可能无法实现有效的通信覆盖，导致救援工作受阻。因此，提高应急通信装备在极端天气和复杂环境下的适应性和可靠性是当前亟待解决的问题。

五、智能化和协同作业能力有待提高

虽然一些应急通信装备已经具备了初步的智能化和协同作业能力，但整体而言，我国应急通信装备的智能化和协同作业能力还有待提高。例如，设备之间的信息共享和协同作业不够顺畅，可能导致救援资源无法得到充分利用；设备的自动化程度不高，需要人工干预才能完成一些复杂任务；设备的智能化决策能力有限，无法根据现场情况快速做出准确的判断。

第九章

高端个体防护装备

高端个人防护装备指的是在劳动生产过程中使劳动者免遭或减轻事故和职业健康危害因素的伤害，直接对人体起到保护作用的高附加值防护用品。从防护部位看，高端个人防护装备主要包括安全帽、眼防护具、听力护具、呼吸护具、防护服、防护手套、防护鞋、防坠落护具以及其他防护装备等。应用场景主要为防尘、防毒、防电、防噪声、防酸碱、防油、防高温辐射（包括烧灼、防红外线和紫外线辐射）、防微波和激光辐射、防放射线、防水、水上救生、防冲击、防坠落、防机械外伤和脏污（主要是防刺割、绞碾、磨损及肮脏）、防寒等生产安全及职业健康防护需求的场景。高端个人防护装备与一般个人防护装备的区别在于高端产品防护功能更强、可重复使用次数更多，对于石化、冶金、矿山等重点高危行业领域，应用高端产品能够更好地为劳动者提供安全防护。随着国家对生产安全和职业健康重视水平的持续提升，企业和劳动者对个人防护装备的需求稳健增长，我国高端个人防护装备产业面临新的发展机遇。

第一节 发展现状

一、产品市场规模

据贝哲斯咨询统计，2023 年末全球个人防护装备产业规模超过 4800 亿元，其中我国个人防护装备产业规模超过 450 亿元，每年增速约为 15%，位居全球前列（见图 9-1）。

（单位：亿元）

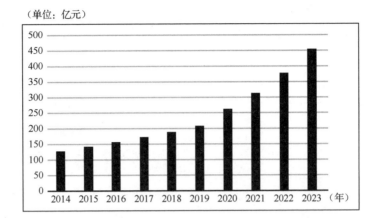

图 9-1　我国个人防护装备市场规模发展形势图
（资料来源：贝哲斯咨询，2024）

二、国内产品市场占有率概况

从我国个人防护装备产品销售情况看，手部防护产品占比最大，占全部类型产品的 34%；躯干防护、呼吸防护、足部防护次之，分别占 24.30%、14.60%和 13.6%（见图 9-2）。

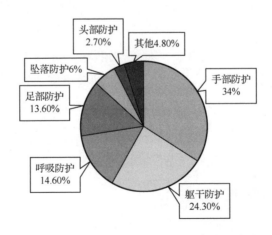

图 9-2　我国各类个人防护装备销售占比情况
（资料来源：贝哲斯咨询，2024）

"高端"和"低端"并无明确的统计界限，但可以从主要产品来源地的销售情况进行估算。浙江瑞安和江苏如东为我国高端个人防护装备的主要产地，两地超过 50% 的高端个人防护装备均用于出口，占全国同类产品出口总额的 25%。但我国高端个人防护装备市场规模占个人防护装备整体市场的比例不足 24%。

三、产业链图谱及典型企业

高端个人防护装备产业链图谱，如图 9-3 所示。

上游	中游	下游
原材料生产商	**高端个人防护装备生产商**	**流通渠道**
	安全帽、呼吸护具、眼防护具、听力护具、防护鞋、防护手套、防护服、防坠落护具、护肤用品以及其他防护装备等	**批发零售商**
机织类材料：传统机织物、高密织物、涂层织物、层压织物等		· 企业直销 · 专业代销 · 超市代销 · 零售柜销售
非织造布类材料：无纺布、熔喷布、绝缘材料、保温隔音材料等	· 江苏恒辉安防股份公司 · 北京英特莱科技有限公司 · 汇鸿（南通）安全用品有限公司 · 代尔塔（中国）安全防护有限公司	**电商**
金属材料：护目镜、安全绳、防辐射服等装备用的各类不锈钢、合金钢、铝合金、钛合金、金属纤维、铝等	· 羿科安全设备（上海）有限公司 · 广州市劳动保护用品有限公司 · 江苏百生安全防护装备有限公司	· 京东、天猫等 · 专业个人防护装备销售网站较少
非金属材料：护目镜等用的钢化玻璃、胶质粘合玻璃、光学树脂等；各类防护装具用的碳纤维、棉纤维、乳胶、橡胶、芳纶、PBI、PVC、PP、复合材料、陶瓷等原材料。	· 无锡市华信安全设备有限公司 · 江苏泛亚劳护用品有限公司	
知名企业：泰和新材料股份有限公司、新疆中泰化学股份有限公司	· 如东盾安劳动防护用品厂	

图 9-3 高端个人防护装备产业链图谱
（资料来源：贝哲斯咨询，2024）

江苏恒辉安防股份公司。江苏恒辉安防股份公司成立于 2004 年 4 月，以功能性安全防护手套出口为主，是一家业务领域覆盖原材料纱线、手部防护产品（舒适透气、防切割、防寒、防油、防水、隔热、防腐蚀等）及全身特种防护产品的研发、生产、销售及智慧化技术服务为一体的综合性集团公司。公司于 2021 年在深圳证券交易所 A 股挂牌上市，旗下拥有 3 座世界级现代化工厂，2 家营销子公司，1 家智能科技服务公司，1 个个人防护装备产业园及 1 所研究院。公司现有员工 1500 余人，全球战略伙伴超过 670 个，具有现代生产线 44 条。2023 年公司实现营业收入 9.77 亿元，利润总额 1.11 亿元，功能性安全防护手套产品产能位居国内前列。公司多次被如东县评为企业示范单位，连续多年荣获如东企业"金牛奖"。目前公司建有省级企业技术中心、省级工程技术研究中心、省级示范智能车间等。公司的高端手部防护产品获得了多项国际认证，与美国 MCR Safety、美国 PIP、英国 Arco、日本绿安全等国际知名品牌商建立了长期合作关系，产品销往世界各地。

北京英特莱科技有限公司。北京英特莱技术公司成立于 1994 年，2001 年发起设立北京英特莱科技有限公司（以下简称"英莱特"），注册资本 6080 万元。英特莱主要从事消防员个人防护装备、空军飞行服等高科技安全防护产品的研发、生产和销售，主要产品为各类消防服装和飞行服面料。英特莱拥有全国唯一的耐高温纺织服装研发中心，是国家级高新技术企业、中关村高新技术企业、消防产业 30 强、专精特新企业、消防与应急救援国家工程实验室成员单位。公司消防防护产品包括身体防护装备、头部防护装备、手部防护装备、足部防护装备、消防装备箱包等，军警产品包括空军消防服、警靴、警服等。产品主要用于消防救援队伍、企事业单位队伍、政府专职消防队、义务消防队等消防员日常灭火救援，以及空军飞行员作业、训练时穿着。

汇鸿（南通）安全用品有限公司。汇鸿（南通）安全用品有限公司 2006 年创建于中国南通，是一家集研发、生产及销售于一体并专注手部安全防护用品的高新技术企业，致力于为全球合作伙伴提供手部防护产品、技术、服务和系统化解决方案。公司生产的防切割、耐磨、强抓握力高端手套在业内有着很高的知名度，公司拥有专利 105 项，其中发明专利 12 项，并通过了 ISO 9001:2015、ISO 14001：2015、GB/T 29490-2013、知识产权贯标等体系认证。公司技术和研发实力雄厚，生产技术逐步实现自动化，被政府评定为"高新技术企业""江苏省专精特新中小企业""江苏省高质量服务优秀企业""南通市优秀民营企业"，公司研发中心被评为"江苏省省级工程技术研究中心"，2022 年获得"江苏省科学技术奖"，并连续四年荣获如东县"金牛奖"称号。

第二节　存在问题

我国高端个人防护装备产品美观、质量优越、国际竞争力强，但从国内市场角度来看，以功能性安全手套为主的部分产品存在国内竞争力弱、两头在外的问题。一方面，我国高端个人防护装备已成功打入国际市场，多项产品通过了欧盟 CE 认证、美国 0ANSI 认证、日本 JIS 认证或 Oeko-Tex Standard 100 认证等严格的国际级认证，获得了国际市场的认可；另一方面，在国际经济形势下滑、各国贸易保护主义抬头的现状下，高端个人防护装备企业的原材料进口和产品出口均受到严重影响，企业外贸订单急剧减少。

在企业由"两头在外"模式转向"内循环"时，还面临需要替换原材料供应商和开拓销售渠道等问题。以恒辉安防为例，企业由于外销订单下降，正积极转向内销市场。国外市场对来自杜邦公司的原材料更为信任，国内市场则以价格优先，选择国内原材料则产品成本更为低廉。因此，恒辉安防积极与烟台泰和新材料股份有限公司联系，力图建立合作关系满足原材料芳纶需求。

国内唯成本是举的项目招标方式使质量优越、外销成果喜人的高附加值产品在国内推广举步维艰。以消防服为例，国外消防服以 PBI 材料为主，我国则广泛采用芳纶材料，PBI 制消防服仅在港澳台等少数地区使用。PBI 织物具有很强的耐热和防火性能，能够从闪燃或复燃等火场突发状况中为消防员提供良好的保护。在具有良好的维护保养情况下，PBI 制消防服可以长期使用，香港采购的 PBI 消防服使用时间长达十年半。然而，PBI 材料价格昂贵且由美国垄断，国内 PBI 材料产业化水平不高，导致 PBI 消防服单价难以与芳纶消防服竞争，因此也难以在国内大规模推广。

我国部分高端个人防护装备企业技术创新水平较高，但产业总体创新能力有待提升。一是大专院校、劳保科研机构对高端个人防护装备研发的参与度有待提升，增强学界对高端个人防护装备的关注水平有利于提升产业创新能力、促进标准落地；二是个人防护装备学科建设和人才供给能力均有待提升，安全工程、预防医疗、服装专业、材料科学等专

业毕业生对个人防护装备了解少，与世界先进水平要求具有很大差距，使得领域专家退出工作岗位后，人才供给难以为继。

我国标准体系建设亟待提速。在标准体系建设方面，我国高端个人防护装备标准体系正在制定中，但总体进展缓慢，团体标准认可度不高。目前我国个人防护装备强制性配备国家标准仅在 4 个重点高危行业领域实施，对于建材、电子、电力等其他重点工业行业还存在空白。为此，"两头在外"的高质量企业迫切希望参与国标编制与推广，并力图借鉴国外经验、发挥产品轻便美观的优势，将一些选配产品推广成为大众日常用品。

我国高端个人防护装备检验检测机构数量亟待提升。由于我国高端个人防护装备标准系统落后于国际标准体系，加上个人防护装备强制性使用范围较小、企业和劳动者对个人防护装备的重视程度较低，使国内专业检验检测机构不足，具备国际认可资质的机构严重缺乏，劳动防护用品领域国家质量检验检测中心目前国内仅有 3 家，分别在北京、湖北武汉和江苏泰州。

第十章

自动体外除颤仪

第一节　发展现状

一、政策层面得到重视

近年来，随着社会对心脏健康问题关注程度的不断上升，自动体外除颤仪（AED）在公共场所的配置问题得到了多方重视。2019 年，国务院办公厅公布《健康中国行动（2019—2030 年）》，成为我国关于自动体外除颤仪的首部国家层面的政策文件。《行动》指出，完善公共场所急救设施设备配备标准，在学校、机关、企事业单位、机场、车站、港口客运站、大型商场、电影院等人员密集场所配备急救药品、器材和设施，配备自动体外除颤仪。2020 年开始实施的《中华人民共和国基本医疗卫生与健康促进法》也做出了相关规定，在法律层面为公共场所配备自动体外除颤仪提供了依据。2021 年，国家卫健委颁发《公共场所自动体外除颤器配置指南（试行）》，要求在人口流量大、意外发生率高、环境相对封闭及发生意外后短时间内无法获得院前医疗急救服务的公共场所优先配置自动体外除颤器，并首次从技术层面明确了具体安装要求。此外，财政部、工业和信息化部、消防救援局、体育总局、教育部等也先后下发了相关政策文件，为自动体外除颤仪的配备、推广提供政策支持。而地方层面，截至 2023 年底，已有北京、上海、广东、江苏等 20 余个省（自治区、直辖市）对自动体外除颤仪的配置和使用发布了规章制度，其中部分城市如上海、广州等还出台了相应的惩罚措施作为保障。

二、多地加速布局配置

在相关政策的保障和推动下，多地配置自动体外除颤仪的步伐不断加快，深圳、上海、北京等地区自动体外除颤仪的配置水平位居全国前列。例如，深圳市启动了"公众电除颤计划"，截至 2023 年底全市自动体外除颤仪达到 43397 台，覆盖率位居全国第一，累计成功救治了 82 名心跳骤停患者。北京市于 2023 年 11 月发布了重点公共场所自动体外除颤器电子地图，地图显示，已有 5089 台自动体外除颤器被配置在学校、公共交通、大型商超、体育场馆、公园景区及影剧院等各类人员密集场所中，涵盖 3116 个点位，提前实现重点公共场所配置 5000 台 AED 的目标。除了加快提升自动体外除颤器的覆盖度，各地也依托新兴技术，加快提升自动体外除颤仪的高效化和智能化水平。例如，北京市的自动体外除颤器电子地图实现了与 120 调度指挥系统的同步互联，120 调度员能够通过该系统为施救者提供前期的救护指引，从而有效提升抢救成功率。东莞市计划在松山湖建设全国首个社会急救 4 分钟救援圈试点示范区，利用大数据、人工智能等技术，通过 AED 地图、志愿者地图等对急救资源实现更精准的调配；通过布局推广 AI 自动训考机，方便市民自主学习急救知识和技能；开展探索无人机移动自动体外除颤仪的创新模式，打造立体式 AED 布局，从而进一步提升覆盖范围和应急效率。

三、国产替代趁势崛起

近年来，我国自动体外除颤仪行业得到了快速的发展，已打破了过去由国外厂商垄断的局面。在自动体外除颤仪国产化的进程中，以迈瑞医疗、鱼跃医疗、久心医疗为首的诸多企业在 AED 技术上寻求突破。2013 年迈瑞医疗发布中国第一款双相波自动体外除颤仪产品，填补了自动体外除颤仪研究领域多项专利空白，改写了中国 AED 产品完全依赖进口的现状，目前迈瑞的相关产品已在 100 多个国家和地区打开了市场；2017 年 3 月，鱼跃医疗完成对德国曼吉世公司 100%股权收购，将拥有 40 多年历史的德国品牌普美康纳入囊中，并在 2019 年，推出新一代的双相波自动体外除颤系列 M600；久心医疗是国内首家获得国产自动体外除颤器注册证的医疗器械企业，其具有专有的低能量双相波技术和动态阻抗补偿技术，有效提高了除颤成功率。随着国产品牌的持续发力，自动体外除颤仪的市场价格已从每台 4 万元至 9 万元降低到了每台 2 万元至 4 万元，有效解决了进口品牌价格昂贵的问题。根据医械数据云披露的数据，2023 年体外除颤设备招投标结果显示，迈瑞医疗以 64.9%的中标金额占比高居市场第一，科曼以 10.7%的占比排名第二，而传统的国外优势品牌如飞利浦、卓尔以及日本光电等占比则都在 5%以下，这表明我国自动体外除颤仪的国产替代之路已经走通，国内厂商的自主创新和生产能力已能够保障市场需求。未来，国产 AED 产品将进一步在国际市场上发挥竞争优势。

第二节　存在问题

一、配备水平整体较低，区域发展尚不均衡

尽管我国的自动体外除颤仪配备增长较快，但整体配备率仍不高。数据显示，2020 年荷兰、日本、奥地利、挪威、美国每 10 万人配备的自动体外除颤仪数量分别为 696、555、544、378、317 台，而我国现有水平仅在 3 台/10 万人左右，不仅远低于欧美发达国家，且与我国公布的《中国 AED 布局与投放专家共识》中达到每 10 万人配备 100～200 台的标准也有较远的距离。而从区域层面来看，当前我国自动体外除颤仪的配备推广主要集中在深圳、上海、北京、杭州等经济条件较好的发达地区，而在中小城市、经济落后地区以及农村地区的配备状况仍然较为落后，甚至存在很多空白地带。尤其是对于农村地区而言，其面积较大、人口较为分散、受教育水平相对较低、资金较为匮乏，如何在农村地区对自动体外除颤仪进行合理配置和推广，使其能够发挥应有的急救作用，将成为我国未来必须深入研究的问题。

二、配置标准有待提升，管理维护不够完善

一方面，各地关于自动体外除颤仪配置的政策文件并不统一，部分地区将其作为强制性的规章制度予以推行，而其他地区则出台的是非强

制性的指南和建议，在具体标准上仅给出了相对宽泛的意见。而从政策制度的具体内容来看，相关文件主要对配备场所、数量标准、响应时间、安装要求等进行了规定，但对管理维护、人员培训以及成本效益等方面的关注相对较少。例如，部分地区在自动体外除颤仪的配备上存在产权不清的问题，其配置方式可能来源于政府采购、企业采购、慈善捐赠等多个方面，涉及生产方、使用方、产权方等不同主体，这就造成了管理主体不明确、监管责任无法落实等问题。此外，由于自动体外除颤仪在配备之后还需要定期进行巡检、电池和零部件更换以及人员培训等，往往需要较高的维护成本，可能会对管理单位造成较为沉重的负担，导致AED 设备在后续使用中因维护不当而失去其应有作用。

三、社会意识有待提升，急救培训亟须跟进

国内大众普遍对于自动体外除颤仪"不了解、不敢用、不会用"，导致部分地区的自动体外除颤仪沦为"摆设"，这同样也是制约我国自动体外除颤仪行业发展的一个重要因素。一是对自动体外除颤仪的宣传和科普力度不足，很多民众并不了解 AED 在突发心脏疾病时能够发挥的重要急救作用，仍然停留在拨打急救电话、等待医护人员的传统观念中。二是国内大众参与急救训练的比例较低，根据《中国公共卫生管理》2021 年披露的数据，我国应急救护知识和技能的普及率仅在 1% 左右，远远低于西方发达国家的普及水平。这就导致大众除了缺乏急救知识和操作设备的经验外，同时缺乏应对突发事件的心理素质，即使自动体外除颤仪具有详细的使用说明，但在特殊环境和心理影响下仍然会产生操作不熟练、害怕出错等顾虑，造成"不敢"急救、"不会"急救的局面。另外，尽管我国已在民法典 184 条规定"因自愿实施紧急救助行为造成受助人损害的，救助人不承担民事责任"，在立法层面为紧急救护提供保障，但调查发现大众对此规定不够了解，仍然存在着急救失败需要承担责任的顾虑。因此，一方面我国有待通过各种渠道为大众提供急救相关的培训，从特定行业群体开始并逐渐向全社会普及，另一方面急救相关法律法规的完善和宣传也对提升自动体外除颤仪的使用率具有重要意义。

第十一章

家庭应急产品

第一节　发展现状

随着人民生活水平的提高，家庭应急产品作为保障家庭安全的重要工具，在我国逐渐受到关注。家庭应急产品是面向家居、野外、车辆等多种环境的家庭安全应急需要，包括家庭应急包、长效环保灭火器、救生缓降器、应急电源等产品，以期提高家庭安全防护和个人应急逃生自救能力。

国家在《"十四五"国家应急体系规划》中明确提出建立完善的村（社区）、居民家庭的自救互救和邻里相助机制的应急体系目标。家庭被列为受灾害影响的社会基本单元群体，全社会应该以家庭成员为行动主体，自觉主动防灾备灾，最大范围减少甚至避免灾害对人类、对社会带来的不利影响甚至灾难性破坏。在全球范围内，各国推动家庭备灾工作的有序展开，但进展缓慢。在美国，政府相关部门和团体组织一直在积极推动家庭防灾备灾工作的开展，但效果不甚显著，面对突如其来的灾害，有半数的家庭或没有或欠缺应对灾难的资源。在伊朗，对近一年备灾措施实施以来的状况进行过问卷调查，调查结果显示有 2968 个家庭总体备灾不达标。我国对玉树地区发生 7.1 级地震灾民以及成都基层干部展开相关调研，调研结果显示对家庭要备灾防灾总体上可以接受，但对政府和社会团体的应急储备建设，尤其是家庭物资储备建设的态度不积极，参与度极低，迫切需要坚持不懈贯彻精神，加强监督机制，落实应急备灾物资的储备。

近年来，国内外发生多起突发性公共危机事件，暴露了家庭和个人在面对这些突发事件时防控能力不足的问题。国家相继出台政策推进家庭应急物资的储备工作，2016 年发布的《国家综合防灾减灾规划（2016—2020）》中明确应急物资储备将视为基层防灾减灾救灾能力提升的重要举措，在 2021 年 12 月新修订的《突发事件应对法（草案）》公开征求意见稿第四十七条又一次强调"鼓励公民、法人和其他组织储备基本的应急自救物资和生活必需品"。面对突如其来的灾害时，潜在的灾害威胁着每个公民的生命及财产。如果居民能够做到防患于未然，居安思危，提前储备足够的应急物资，掌握基本的逃生应急技能，身陷险境也能快速地展开自救互救、逃生避险，减少或避免灾害可能带来的危险及财产损失，保障家庭人员及财产安全。

一、家庭应急物资储备类型

各地政府根据当地情况发布了家庭应急物资储备建议清单，以鼓励居民储备所需的应急物资。这些清单由各级应急管理机构与工信厅、发改委、商务厅、减灾委、卫健委等部门共同发布。该清单提供了适用于各类灾害的应急物资，包括但不限于洪水、台风、火灾和地震等，展示了其综合性和跨灾种的特点。《家庭应急物资储备建议清单》中包含了应急工具、物品、药品、药具、水、食品、重要文件等主要类型物资。2020 年 11 月，国家应急管理部发布了《全国基础版家庭应急物资储备建议清单》，涵盖方便食品、灭火器、呼吸面罩、救生哨等 11 类物品。各地方省市也相继发布了建议清单，对物资种类进行细化。以北京市2020 年发布的建议清单（扩充版）为例，其包括水和食品、逃生自救求救工具、急救器具和药品等 6 大类、18 小类、共 60 种物品，为居民储备家庭应急产品提供了详细参考（见图 11-1）。

为了确保应急救援时的物资供应，家庭平时需储备多种类型的物资。一旦事件发生，首要考虑满足基本生活需求，通常情况下，突发事件对应急物资的需求主要集中在少数几类物品，占整个应急物流供应量的 75%至 95%。例如，在 2001 年印度古吉拉特邦发生的 7.9 级地震救援中，外部提供的救援物资中，超过 90%的物品包括帐篷、床单、毛毯、食品等基本生活用品。在灾害救援中，供应量最多的物资包括消毒药片、水、毛毯、帐篷、食品和药品等。一般情况下，特别是在面临大规模自然灾害救援时，提供的物资通常是大量相同类型的。据日本对地震灾害家庭准备情况的一项调查显示，18%的家庭拥有抗压性好的家具，27%的家庭储备了食物和水，33%的家庭知道正确的疏散中心，11%的家庭准备了应急包。而在陕西省对其四个区的家庭备灾情况调查结果显示，只有11.42%和3.77%的家庭备有逃生包和灭火器，家庭存放较多的是药品，如感冒药、消炎药等超过95%。

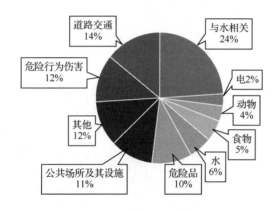

图 11-1　家庭受灾类型及比例

（数据来源：根据公开资料整理，2024.05）

二、重点家庭应急产品分析

家庭急救包是一种储存急救药品和医疗器械的容器，可以是急救包、急救袋等。它为急救执行者提供所需物品，如药品、器械等，并提供相关医疗建议。根据需求，大小尺寸也可不同。急救包应保持坚固、干净、防水，确保物品无菌、完好无损，并定期检查和补充，以防止药品或器械损坏或过期。家庭急救包主要供家庭日常使用，大小适中，内容丰富且便于携带。

我国家庭急救包在 2020 年的市场规模约为 3.45 亿元，预计到 2027 年将达到 5.22 亿元，年复合增长率为 6.13%，主要销售区域集中在华东和华南地区，其中华东地区曾经是急救包销量最大的地区，但在 2020

年被华南地区超越，华南地区的销售份额达到全国的 21.89%，而华东地区为 20.39%。在消费市场中，急救包的使用范围广泛，包括室内和室外，其中室内使用占据了最大的市场份额，达到 61.81%。

我国 2018—2027 年预期家用急救箱销售规模及增长率，如图 11-2 所示。

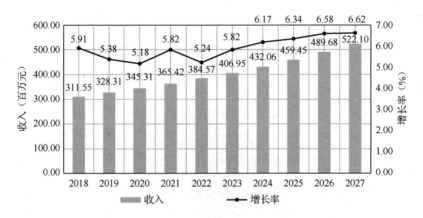

图 11-2　我国 2018—2027 年预期家用急救箱销售规模及增长率
（数据来源：根据公开资料整理，2024.05）

中国的急救包主要生产商包括云南白药、杭州科洛生物技术有限公司、蓝帆医疗、联合华利和富施达等，市场份额占比较大。其中，全国前五大企业占据了全球家庭应急包总营业收入的 60%。在全球范围内，家庭急救包的前五大出口国是中国、德国、美国、英国和波兰。目前，国内急救包主要以出口为主，只有少量产品进口。中国是世界上最大的急救包出口国，其产品远销北美、欧洲、中东和东南亚等地区。

此外，我国高度重视家庭安全应急产业的健康快速发展，各地陆续发布了多项优惠政策，积极倡导全社会形成健康消费观念和健康生活方式，鼓励家庭储备家用急救包，其中包括口罩等急救物品。尽管我国家庭急救包市场不断增长，但考虑到庞大的家庭数量（截至 2023 年 10 月 27 日，约有 4.94 亿户），当前市场需求尚未充分释放，特别是在偏远农村地区，家用急救包的普及率仍然较低。因此，我国家用急救包行业预计将继续增长，未来头部企业将依托规模、渠道和品牌效应等优势，进一步扩大市场份额。

三、家庭应急产品发展趋势

一是市场需求的提升。随着人们生活水平的提高和健康意识的增强，家庭应急产品的市场需求不断增加。特别是在面对自然灾害、公共卫生事件、意外事故等突发情况时，人们对家庭应急产品的需求日益迫切。根据相关调查数据显示，近年来中国家庭应急产品市场呈现出稳步增长的态势，市场规模不断扩大，市场潜力巨大。二是产品创新与需求多样化。随着家庭结构和生活方式的多样化，人们对家庭应急产品的需求也日益多样化。除了传统的急救箱、灭火器等产品外，越来越多的新型应急产品涌现，如智能家庭安防系统、便携式医疗设备、紧急通信工具等。这些产品不仅功能更为全面，而且更加符合现代家庭的需求。三是智能化趋势不断增强。技术进步是推动家庭应急产品发展的重要动力。随着科技的不断进步，家庭应急产品逐渐呈现出智能化、便携化、高效化的特点。智能家居技术的发展使家庭安防设备可以实现远程监控、智能报警等功能，大大提升了家庭安全的保障水平。同时，便携式医疗设备的出现也方便了家庭应对紧急医疗情况的处理，为家庭成员提供了更加全面的保护。

第二节　存在问题

一、家庭应急产品供给能力有待提高

一是家庭安全应急产业实力相对薄弱。从企业层面看，我国家庭应急产品生产商多为中小企业，产品技术附加值较低，缺乏品牌影响力；从产业层面看，我国尚未形成完整的家庭应急产品产业链和产业集群，限制了产品供给能力。二是家庭应急产品供给渠道单一。我国家庭应急产品主要通过线上渠道销售，在线下超市渠道销售的产品种类少、功能单一、价格相对昂贵，居民需要付出较高时间和金钱成本才能配备齐全。而线上渠道则存在产品质量不高、适用性不强、售后服务不力等问题，不利于家庭应急产品的快速推广。

二、家庭应急产品配套服务相对滞后

一是缺少家庭安全知识和应急产品使用方法的培训渠道。部分家庭应急产品如缓降绳、防毒面具、灭火毯等操作难度较大，居民需要接受专业指导才能进行正确使用。但目前我国缺少相关的培训渠道，居民仅凭产品说明书难以应对各类紧急情况，使应急产品无法发挥其应有作用。二是家庭应急产品售后服务不足。家庭应急产品因其特殊性必须保证始终有效，如应急包中的药品等需要及时更换，逃生自救设备需要定期检查维护等。但现有应急产品的售后服务呈现缺位状态，需要居民自行更新，增加了普通家庭的负担，同时一定程度埋下了安全隐患。

三、家庭应急产品需求市场有待培育

消费者对家庭应急产品的认知和了解程度不足，导致在面临紧急情况时无法正确使用应急产品或者无法及时采取有效措施。消费者可能对产品的种类和功能了解不足，无法正确选择和使用产品。例如，一些消费者可能仅仅关注产品的外观和价格，而忽略了产品的实际功能和适用场景，导致购买了并不适合自身需求的家庭应急产品。解决这一问题的关键在于加强对消费者的教育和宣传。首先，可以通过电视广告、社区宣传、网络媒体等宣传途径，向公众普及应急知识和技能，提高消费者对家庭应急产品的认知和了解。其次，可以通过举办应急演习和培训班等形式，让消费者亲身体验应急情况，并学习正确的应急处理方法和技巧。

区　域　篇

第十二章

京津冀地区

第一节　整体发展情况

京津冀地区是我国的"首都经济圈"，包括北京、天津两大直辖市，以及河北省石家庄、保定、邢台、沧州、唐山、廊坊、秦皇岛、衡水、张家口、承德、邯郸等城市。京津冀地区是我国创新能力最强、经济最具活力、开放程度最高的地区之一。推动京津冀协同发展，是以习近平同志为核心的党中央在新的历史条件下作出的重大决策部署，是实现京津冀协同发展和创新驱动、推进区域发展体制机制创新、面向未来打造新型首都经济圈和实现国家发展战略的需要。2023 年 5 月 12 日，习近平总书记在深入推进京津冀协同发展座谈会上发表重要讲话，并指出"要巩固壮大实体经济根基，把集成电路、网络安全、生物医药、电力装备、安全应急装备等战略性新兴产业发展作为重中之重，着力打造世界级先进制造业集群"。安全应急装备成为京津冀地区产业发展重点的地位凸显。

京津冀地区安全应急产业企业数量多、产值规模大。2023 年，京津冀三地拥有安全应急装备企业超 3000 家，安全应急装备产值初步测算已超过 2600 亿元，2020—2023 年产值年均增速达 8%以上。目前，京津冀地区拥有 2 家国家安全应急产业示范基地，3 家国家应急产业示范基地，7 家省级安全应急产业示范基地（含创建单位）。依托示范基地建设，京津冀地区搭建了一批安全应急技术装备研发、产品生产和应急服务发展的示范平台，安全应急产业发展进一步聚集，产业发展规模不断壮大，带动京津冀地区经济发展和应急能力提升。

第二节 发展特点

一、区域协同机制不断完善

京津冀地区高度重视安全应急产业区域协同。一是京津冀三地成立了安全应急装备产业集群创建工作领导小组，组建工作专班，建立以三地工（经）信部门分工负责的工作机制和重大事项协同推进机制及议事会商机制，定期在规划、基础设施、产业发展等方面开展磋商，强化各地之间产业链分工配合和创新协同，相关部门多次召开协调调度会，进一步统一思想、凝聚共识。二是三地已构建"领导小组+促进机构+联盟+基地"的四位一体安全应急装备集群服务体系，建立并完善了促进组织"1+1+13"的组织架构，促进产业链上下游协同联动发展。三是三地共同发布顶层规划，为产业发展举旗定向。2024年5月，京津冀三地工信部门联合印发《京津冀安全应急装备先进制造业集群发展规划（2024—2028年）》，明确集群发展的总体目标、重点任务和实施路径。

二、企业梯度培育有力

京津冀地区积极培育龙头企业和促进大中小企业融通发展。一是龙头企业的带动作用强。2023年，京津冀安全应急装备企业超3000家，其中规模以上企业约占1/3。龙头企业通过专利布局、标准引领、平台建设等方式对产业链、创新链进行垂直整合，增强生态主导力、核心竞争力，提升产业链、供应链控制力。二是培育了一批创新活跃、特色鲜明的安全应急装备产业领域科技型中小企业，打造了一批协作关系紧密、发展潜力大的专精特新中小企业，形成了骨干企业示范引领、中小企业特色支撑和融通发展的产业格局。

三、产学研深度融合

京津冀内高校、科研院所和企业聚焦重大突发事件应急处置需求，积极开展协同技术攻关合作，探索共建联合实验室、组建创新联合体、签署战略合作协议等融合发展模式，重点开展先进安全应急装备、安全防护材料、智能化平台等先进技术攻关。例如，北京房山推进与良乡大学城高校合作，合力推动关键技术攻关；天津推动成立南京理工大学北方研究院，推动安全应急装备成果转化；应急管理大学（筹）在矿山安全、地震防灾等领域联合企业开展标准制定、技术研发、产品研发和应用推广；北京航景创新有限公司智能应急装备产业园组建综合性共享实验室，推动应急救援无人机领域的研发合作与成果转化；北京丰台与西南交通大学合作，共建"中关村·西南交通大学轨道交通产业科技创新中心"，在科研成果转化、人才培养等方面开展深入合作。

四、产业服务平台能力持续提升

京津冀地区不断创新举措，提升公共服务平台能力。一是打造科技创新、成果转化、市场推广等各类平台，助力产业发展。建设了河北省应急救援技术重点实验室、防护材料重点实验室、煤矿水害智能监测与预警技术创新中心、应急通信创新中心等一批省级研发平台，强化安全应急产业基础研究，增强创新驱动源头供给。二是开展形式多样的产业对接活动。自2020年起，京津冀三地工信部门联合主办了多次京津冀安全应急产业对接活动。2021年和2023年，在北京燕山召开了两次京冀两地安全应急产业协同发展交流会暨燕安京冀产业创新合作示范区推介会。2023年，在石家庄举办了中国（河北）安全应急博览会，160余家企业展示了1000余种安全应急装备和产品，通过举办发展论坛、综合展览、对接会、区域性活动等推动全国安全应急装备产学研用交流对接。三是充分发挥京津冀三地各促进组织和相关协会联盟资源，积极筹备安全应急装备产业大脑大数据平台建设，为产业发展赋能，为协同创新提供平台，为供需对接提供支撑。

第三节　典型代表省份——河北省

河北省依托石家庄、保定、张家口、唐山、邢台、秦皇岛、廊坊、邯郸等市的产业园区发展特色安全应急装备和服务基地，培育形成2个国家级安全应急产业示范基地（含创建单位）、7 个省级安全应急产业基地、20 个特色产业集群格局。河北省安全应急产业集聚效果明显，安全应急产业链、创新链进一步完善，在京津冀安全应急产业协同发展中发挥着越来越重要的推动作用。

一、重视顶层设计

河北省高度重视安全应急产业发展。一是出台多项支持政策。河北省政府印发《河北省应急产业发展规划（2020—2025）》，为提升安全应急产业整体水平和核心竞争力，培育经济新增长点，提出 10 项具体量化指标。二是成立省安全应急产业发展协调工作小组，由省政府领导担任组长，督促各级各部门认真落实规划提出的各项任务和措施，指导各地积极发展安全应急产业。三是将安全应急产业列入河北省政府工作报告，作为重点列入《河北省建设全国产业转型升级试验区"十四五"规划》，并制定相关配套支持政策。

二、重视链主企业培育

河北省积极培育安全应急链主企业，充分发挥龙头企业串珠成链作用。一是对全省安全应急产业进行梳理，初步构建了覆盖预测预警、防控防护、应急通信、特种交通、抢险救援、医学救援、消防救援、无人救援、城市内涝应急和安全生产事故应急救援等安全应急装备细分领域的产业链体系。二是鼓励有发展基础的大型企业向安全应急产业领域转型发展，培育龙头企业。鼓励央企依托技术优势开发安全应急领域产品，成长为安全应急骨干企业，并发挥骨干企业的带动作用。三是支持优势企业进一步延伸产业链，形成集研发创新、生产制造、工程实施和运营服务于一体的企业集团。四是编制发布《河北省重点应急企业和应急产品目录》，收录重点安全应急企业 257 家，产品和服务 501 种，对目录内的企业和产品予以重点支持和推广。

三、重视研发创新

河北省坚持以创新驱动产业发展，围绕标志性安全应急产品产业链着力推进科技创新和成果转化。一是组织实施了一批重点研发项目，开展关键技术攻关。由省重大成果转化专项立项支持面向安全应急产业的项目，推动安全应急产业技术成果转化。二是支持防灾科技学院、华北科技学院等高校院所加快安全应急产业学科建设，促进应用研究与应急产业关键技术攻关的紧密衔接，增加科技成果有效供给。三是形成了以产业技术研究院为平台，联盟、基地、企业等为主体的新型研发机构运作模式，突破阻碍科技成果产业化的体制机制障碍，推动河北省高校、央企安全应急相关领域的科技成果转化和产业化，不断完善安全应急产业创新生态。四是组织安全应急领域企业参加"冀优千品"河北制造网上活动、"5·18"廊坊经洽会，举办中国·唐山国际应急产业大会、中国（河北）安全应急博览会，搭建京津冀安全应急产业对接合作交流平台。支持河北易应急公司在唐山建设占地1.2万平方米的实物仓展示中心和开展安全应急产品B2B线上供需对接服务。易应急大数据平台入驻企业超过3万家，为2000多家企业在平台搭建数字展厅，推动先进成果推广应用。

四、重视集聚发展

一是发布《河北省安全应急产业示范基地创建指南（试行）》《河北省安全应急产业特色集群培育指南》，依托石家庄、保定、张家口、唐山、邢台、秦皇岛、廊坊、邯郸等市的高新技术开发区和经济技术园区发展特色安全应急装备和服务基地，开展国家和省级安全应急产业示范基地培育、安全应急产业特色集群建设。推动认定培育7家省级安全应急产业示范基地创建单位：河北石家庄装备制造产业园、河北新乐经济开发区、燕郊高新技术产业开发区、保定国家高新技术产业开发区、河北徐水经济开发区、邢台经济开发区、河北邯郸复兴经济开发区。二是充分调动园区和企业的积极性，推动安全应急产业集聚发展，形成辐射带动作用，锻造上下游企业间协同发展的产业链，逐步完善安全应急产业链，发展成套化、专业化、智能化的安全应急产品。三是推动唐山、张家口等10个市编制安全应急产业发展规划，形成了部门协同、上下联动的安全应急产业工作协调机制。四是积极培育省级应急物资生产能力储备基地（集群、企业）和省级安全应急特色集群。制定《河北省应

急物资生产能力储备基地管理办法》（试行），指导各地科学开展应急物资生产能力建设。目前已培育 15 家应急物资生产能力储备基地（集群、企业），认定重点龙头企业 30 强。

五、重视要素保障

河北省不断强化财政、金融、人才等要素支持，扶持安全应急产业做大做强。一是由省财政安排专项资金支持安全应急产业发展，支持安全应急产业示范基地公共服务平台建设和重点安全应急产业项目建设。如支持对 10 家省级应急物资生产能力储备基地给予 500 万元资金补助。二是鼓励金融机构对技术先进、带动和支撑作用明显的安全应急产业项目加大信贷支持力度，开展形式多样的科银企对接活动，通过小团组精准对接等活动。三是建立多层次、多类型的安全应急产业人才引进、培育和服务体系，支持有条件的高等学校开设安全应急相关专业，目前全省各院校共开设安全应急产业相关的本专科专业点 53 个。

第十三章

长三角地区

第一节　整体发展情况

　　长三角地区是我国政治经济的重要板块,主要包括上海市、江苏省、浙江省和安徽省,简称沪苏浙皖。长三角地区共包含 41 个城市,这一区域政治区划明确,经济实力雄厚,尤其在工业经济发展方面表现突出。其中,上海市作为国际大都市,其工业高端化、智能化水平不断提升;江苏省工业基础雄厚,制造业投资持续高增;浙江省以新兴产业为主导,工业结构优化升级;安徽省则紧紧抓住新兴产业的发展机遇,工业增速位居全国前列。近年来,长三角地区充分发挥各自区位和产业优势,工业经济持续稳定增长,成为全国经济的重要支柱。三省一市的政府工作报告披露数据显示,2023 年全年,沪苏浙皖经济总量超过 30 万亿元,其中上海 GDP 达 4.72 万亿元、江苏 GDP 达 12.82 万亿元、浙江 GDP 达 8.26 万亿元、安徽 GDP 达 4.71 万亿元,为全国高质量发展趋势提供了磅礴动力。在创新发展方面,2023 年上海市 10 亿元以上的重大产业项目仅开工建设的就有 58 个;江苏省的制造业高质量发展指数为 91.9,两化融合发展水平为 67.9,分别实现了连续三年和连续九年全国第一;浙江省数字经济核心产业增加值达 9867 亿元,其中规模以上制造业增加值同比增长 8.3%;安徽省 GDP 达 4.71 万亿元,同比增长 5.8%,上市公司总数 175 家,升至全国第 7 位。

　　在安全应急领域,长三角地区安全应急产业内容全面、产业基础雄厚，是我国安全应急产业的主要集聚区之一。在产业内容广度方面，长三角地区安全应急产业内容涵盖了《安全应急产业分类指导目录（2021年版）》中全部的 4 个大类、21 个中类、119 个小类，是我国安全应急产业布局最为全面的地区。在产业发展深度方面，长三角地区三省一市积极合作，共同推进区域安全应急产业协同发展，通过举办长三角国际应急减灾和救援博览会等活动，促进了安全应急产业的技术交流和产品推广。以国家安全应急产业示范基地为基础，安徽省以合肥市为中心，以火灾研究为基础、城市安全为主要内容，实现了安全应急产业向综合化、示范化、智能化、服务化发展；浙江省以新一代信息技术在安全应急产业中的应用为动力，致力于提升安全应急产业在新质生产力发展中的支撑作用；江苏省作为全国安全应急产业的排头兵，在先进安全材料、个体防护产品、专用安全生产装备、监测预警产品、应急救援装备、生命救护产品、环境应急产品以及安全应急服务等数十个安全应急产业细分领域都形成了完整的产业链；上海市是我国现代工业的摇篮，工业经济总体规模和发展水平居全国前列，创新氛围浓厚，新兴产业发展迅速，是"人工智能+"与安全应急产业融合发展的前沿阵地。

第二节　发展特点

一、顶层设计为安全应急产业发展提供保障

为促进安全应急产业长期稳定发展，提升安全应急产业发展质量，有效发挥产业对国民经济的安全应急保障作用，上海市、江苏省、浙江省和安徽省分别提出了相关政策规划，支持安全应急产业发展。

上海市提出了《上海市关于加快应急产业发展的实施意见》，提出要将应急智能机器人、北斗导航救援系统、城市公共安全应急预警物联网、应急救援装备作为发展重点，从多个方面推进安全应急产业发展，即建设应急产业示范基地、提升应急产业标准化水平、完善应急物资管理系统、推广应急产品服务消费市场、促进应急产业国际交流与合作。

江苏省通过部省共建促进安全应急产业高质量发展。2018 年，江

苏省与工业和信息化部、国家安全监管总局签署《工业和信息化部 安全监管总局 江苏省人民政府关于推进安全产业加快发展的共建合作协议》，提出以引导企业集聚发展安全产业的重点任务为目标，共同推动安全产业快速发展，发掘区域经济增长新动能，力争为我国安全产业发展发挥示范引领作用。2022 年 11 月，工业和信息化部、应急管理部、江苏省人民政府在第二届中国安全及应急技术装备博览会期间共同签署了新一轮《关于推进安全应急产业高质量发展共建合作协议》，使江苏省成为全国首个签署新一轮部省合作协议的省份。

浙江省和安徽省紧跟国家安全应急产业部署，发布了系列政策支持安全应急产业发展。浙江省先后发布了《浙江省应急管理"十四五"规划》《浙江省委、省政府关于以新发展理念引领制造业高质量发展的若干意见》《浙江省经济和信息化厅关于进一步加强工业行业安全生产管理工作的指导意见》等，从应急物资、城市重点基础设施、防灾监测、城市安防、安全教育培训等多个角度明确要求培育壮大安全应急产业，为省内安全应急产业发展定下了明确方向。安徽省发布了《安徽省安全应急产业三年发展规划》《安徽省"十四五"应急管理体系和能力建设规划》等系列文件，开展了 2024 年安全应急装备应用推广典型案例征集工作，筹备了"2024 中国（合肥）安全应急博览会"，从产业产品、展览展示等多角度全方位推进安全应急产业发展。

二、融合创新促进安全应急产业走深走实

长三角地区紧握安全应急产业数字化转型新机遇，勇立时代潮头，成为全国安全应急产业数字化转型与智能化升级的新标杆，为区域经济社会的稳健发展注入持久动力。在这一过程中，长三角地区聚焦于将安全应急解决方案与物联网、大数据、云计算、人工智能等前沿技术深度融合，构筑起覆盖应急准备、监测预警、应急响应等突发事件应对关键环节的智能化设备体系，确立了在安全应急行业的核心竞争优势。例如，江苏省徐州高新区利用当地工业根基和信息技术优势，与中国矿业大学等科研机构深度合作，在国内率先推广"智能矿山"概念，引领智能矿山安全产业的发展。同样，安徽省合肥市在城市基础设施安全领域提出"城市生命线"理念，并研发出相应的安全运行监测系统，获得国

家相关部门的高度认可，并在国内外多个城市推广，被誉为"清华方案·合肥模式"。

在新的发展格局下，长三角地区的安全应急产业正步入智能化发展的新阶段。区域一体化战略为三省一市提供了协同发展的路径，旨在通过高质量发展实现共赢。长三角地区已初步打破行政隔阂，促进资源高效配置，政策制定时兼顾周边地区，充分利用产业发展的资源优势。在科技创新、市场拓展、资本运作等方面，长三角地区均展现出强劲的竞争力，产业与科技的深度融合和创新能力显著提升。目前，长三角地区正着力将资源要素引导至安全应急产业，推动产业从高速增长向高质量发展转型，优化产业结构。上海加快探索高新技术与安全应急产业融合发展，浙江以数字经济优势发展双向融合的安全应急产业模式，江苏聚焦多领域、高质量的高端安全应急装备供给，而安徽作为城市安全领域的排头兵，正充分发挥区域安全应急产业示范带动作用。

三、龙头企业带动安全应急产业多点集聚

长三角地区安全应急产业龙头企业林立，产业基础雄厚、产业覆盖面广，几乎囊括了所有安全应急产品类别。该地区产业以龙头企业为抓手，通过实行链长制促进产业链补链强链，发挥产业集聚效应推动整个产业链的升级。徐州以强化产业链条为目标，依托徐工集团、徐工道金、八达重工、中矿安华等一批在国内外具有较大市场份额和强大行业影响力的龙头企业，构建了以徐工集团为龙头的现代安全应急产业链。苏州以苏州高新区为核心，产业内容涉及 4 个大类、14 个中类、34 个小类，每一类都具有国内外知名的龙头企业，如安防方面的施耐德、川崎精密、西门子等，交通安全领域的中车、中铁四院等，网安领域的山石网科、苏州易维迅等，在安全应急产业门类极大丰富的同时，实现了产业的高质量发展。此外，长三角地区对安全应急技术的研发给予了极高的重视，企业研发投入在全国范围内保持领先，如合肥经开区的研发投入对技术革新起到了显著推动作用。三省一市均分别设立了专项资金，支持安全应急装备的研发与制造，为产业的可持续发展提供了坚实保障。通过龙头企业的引领作用，长三角地区的安全应急产业实现了多点集聚，促进了产业链的全面升级。

第三节　典型代表省份——江苏省

一、政策支持体系不断完善

江苏省高度重视安全应急产业发展，出台了《中共江苏省委　江苏省人民政府关于推进安全生产领域改革发展的实施意见》，要求加快安全技术装备改造升级，引导企业集聚发展灾害防治、预测预警、检测监控、个体防护、应急处置、安全文化等技术、装备和服务产业；江苏省政府还出台了《省政府办公厅关于加快安全产业发展的指导意见》，对江苏未来安全产业发展的总体要求、发展方向、重点任务、营造环境等方面，做出了详细指引。2022 年 11 月 27 日，工业和信息化部、应急管理部与江苏省政府签署新一轮推进安全应急产业高质量发展共建合作协议，为江苏省开展安全应急产业建设提供了坚实的政策基础。

江苏省各地积极构建安全应急产业政策体系。2021 年，苏州高新区研究制定了安全应急产业发展规划，摸清了苏州高新区安全应急产业发展现状与面临形势，明确了苏州高新区安全应急产业发展的总体思路和发展目标、发展重点、空间布局，为接下来一个时期苏州高新区安全应急产业发展指明了方向。苏州高新区还成立了建设国家安全应急产业示范基地领导小组，印发了《关于大力推进苏州高新区安全应急产业高质量发展的指导意见》，以指导和服务安全应急产业发展。徐州市印发了《徐州市安全应急产业集群创新发展行动计划（2023—2025 年）》，要求突破一批"卡脖子"关键技术，组织实施"首台套"和"进口替代"示范应用项目和工程等，并着力支持徐州高新区以徐州国家安全科技产业园为核心，建立产业创新中心，推进协同创新和技术转化，支持徐州高新区以徐工集团为核心，推进安全应急装备发展。

二、安全应急产业领域两化融合成效显著

江苏省大力推进新一代信息技术在安全应急产业领域的应用，各地一方面通过"企业上云"提升制造业生产效能，一方面通过"智慧安全监管信息平台"等信息化管理手段增强安全应急产业服务能力。

园区是江苏省推进两化融合、开展智能工厂建设的主力。以苏州高新区和丹阳经开区为例，苏州高新区拥有省市智能示范车间 152 家、市级智能工厂 4 家、国家级智能制造项目 10 个、工业和信息化部智能制造系统解决方案供应商 2 家、国家工业强基示范项目 1 个、国家级智能制造领域服务型制造示范平台和企业 2 家、江苏省智能制造领军服务机构 11 家，全区智能装备制造企业 100 余家，实现了全区规模以上工业企业智能化改造和数字化转型全覆盖；丹阳经开区拥有省级智能车间 10 个、省级智能工厂 1 个、专精特新"小巨人"企业 10 个、科技小巨人企业 1 个，知名商标 24 个，其中，鱼跃医疗入选第四批国家级工业设计中心名单。

龙头企业是江苏省两化融合的前沿阵地。在智能工厂建设方面，双峰格雷斯海姆采用德国的 GMS 管理体系，生产工厂通过了 ISO 15378 体系认证，建立了完整的批记录管理系统，在线自动成像检测技术在各类制瓶生产线得到普遍应用。鱼跃医疗的智能精密注塑车间实现了信息流、物料流和业务流的协同融合，被评为"江苏省智能示范车间"。智能立体仓库覆盖了生产、溯源和物流的全流程环节，按照工业 4.0 无人工厂标准设计和建设的厂房及仓库，将充分发挥集团规模化生产的大制造优势。万新光学的智能车间不仅提高了生产效率，还可以根据互联网客户定制需求快速调整生产参数，实现不同规格产品生产的灵活转换。

三、龙头企业带动产业成链发展

江苏省在《江苏省"产业强链"三年行动计划》的指引下，以龙头骨干企业为抓手实施引航企业培育计划，培育了一大批产业生态主导型企业。在这些企业的引领下，产业成链发展趋势日益明显。在个体防护装备产业领域，如东经开区以霍尼韦尔、强生、辉鸿等全球知名企业为龙头，带动全区百余家企业成链发展，实现了手套等个体防护装备的全链条供给，成为该领域全球知名的产业基地。在抢险救灾及消防救援领域，徐工集团装备制造能力位于全球前三，其工程抢险机械、举高消防车等装备享誉全球。徐州市以徐工集团为核心，充分发挥徐工集团产业集聚作用，有效带动区域产业链条安全应急保障能力稳步提升。在生命救护领域，丹阳市以行业领先的国药、鱼跃集团为龙头，将生命科学产

业园建设成为科技型中小企业集聚发展的融通型特色载体，并在医学领域形成了一批专业检测检验服务实验室。苏州高新区则围绕产业链主攻方向精准招商，通过建链、补链、强链、延链，实现了产业链关键环节的突破。苏州高新区以苏南国家自主创新示范区核心区建设为契机，吸引了清华大学苏州环境创新研究院、南京大学苏州创新研究院等一批国家级科研机构入驻，形成了超过百家的创新载体。

第十四章

粤港澳大湾区

第一节　整体发展情况

粤港澳大湾区包括香港特别行政区、澳门特别行政区和广东省广州市、深圳市、珠海市、佛山市、惠州市、东莞市、中山市、江门市、肇庆市，是中国改革开放的最前沿、经济发展的核心区，也是我国经济国内大循环和国际大循环的重要接合部，在国家发展大局中具有重要战略地位。作为我国经济活力最强的区域之一，粤港澳大湾区具有产业发展政策环境优良、制造业种类全、加工及制造业企业多、高新技术产业集聚、交通运输和物流便利等区位优势，为安全应急产业发展提供了优越条件。同时，随着全球对于安全应急技术、设备、物资等需求快速增长，粤港澳大湾区外溢效应显著，具备安全应急产业集聚、升级和高质量发展的显著优势。

粤港澳大湾区在发挥有利区位和改革开放先行优势的同时，多措并举为安全应急产业提供良好的发展环境，在支持安全应急产业政策上持续发力，助力安全应急产业转型升级，往集群化、高端化方向迈进。粤港澳大湾区以技术密集、资金密集、人才密集的智能安全应急为主导，以智能制造、大数据、工业互联网及现代服务业为抓手，重点发展智慧安防、智能工业制造及防控设备、安全服务、新型安全材料、车辆专用安全设备等细分领域，区域集聚发展成效显著，已经形成了以佛山南海粤港澳大湾区（南海）智能安全产业园为引领，江门市安全应急产业园、东莞大湾区（东莞）应急产业园全力推进，广州、深圳着手布局的安全应急战略性新兴产业集群，在我国安全应急产业版图中占据核心地位。

其中，佛山依托粤港澳大湾区（南海）智能安全产业园，聚焦应急救援保障装备、新型安全材料、风险防控与安全防护产品、智能化监测预警系统、紧急医学救援产品、安全应急综合服务、能源安全服务、环境监测及处置服务八大重点领域，重点引入安全应急产业平台及项目，形成"丹灶制造、大沥服务"为主体的东西互动板块，通过"双核驱动"打造安全应急产业完整的产业链，致力打造智能安全应急千亿级产业集群，为全国安全应急产业发展提供"广东样本"，目前全区与安全应急产业相关的企业超千家，其中具备一定规模的企业超200家。江门市举全市之力发展安全应急产业，在国内率先建设、加快形成以安全应急产业园、应急管理学院、应急科普体验中心、大湾区应急物资储备中心、全国重点实验室为依托的安全应急产业"五维一体"发展格局。东莞塘厦以大湾区（东莞）应急产业园为依托，打造500亿级安全应急装备制造产业集群。粤东地区依托国家东南应急救援中心建设以抗洪抢险、防御台风及次生灾害为主的应急救援装备产业示范基地。广州依托黄埔区建设广东省应急科技产业园，重点发展智能安全防护和无人救援产业，研发新型智能安全防护产品等。深圳依托中海信创新产业城建设安全应急产业示范基地，重点发展安防、应急通信等方面的应急产品、技术和服务。

第二节　发展特点

一、产业基础良好，细分领域特色鲜明

作为我国制造业重要基地和粤港澳大湾区的重要组成部分，广东省坚实的制造业基础和完善的产业链为安全应急产业的发展提供了重要支撑。同时，粤港澳大湾区紧抓政策红利，安全应急产品市场辐射面广、需求量大，为安全应急产业发展提供有利条件。从各细分领域来看，粤港澳大湾区在抢险救援装备、监测预警、智能安全装备等领域拥有较为完整的产业链条，上游原材料、技术研发平台、配件加工等链条相对完

善，下游如市场、应用端、集成商等较为广阔。例如，在抢险救援装备方面，江门市拥有来纳特种车、金莱特、海鸿电气等一批抢险救援装备重点制造企业；东莞市在应急动力电源、应急通信与指挥产品、应急后勤保障产品、专业抢修器材等专用产品类别具备坚实基础。在监测预警装备领域，江门市不仅拥有生产应急通信设备的海信通信、康普盾等企业，也涌现出生产防爆电线电缆等应急产品的崇达电路、奔力达电路、松田电工等企业。在智能安全装备制造方面，佛山市积极发展机器人产业，以位于佛山高新区的"中国（广东）机器人集成创新中心"为契机，推动高危行业机器换人。

二、智能制造与安全应急服务双核驱动

智能制造和高端安全应急服务业是粤港澳大湾区安全应急产业发展的"两核"。位于佛山市的粤港澳大湾区（南海）智能安全产业园直指"智能化"路径，重点发展装备智能制造，率先发展智慧安防、智能工业制造等具有一定产业基础、发展前景好的安全应急细分产业。同时，佛山市南海区安全应急产业也形成了以"丹灶制造、大沥服务"为主体的互动板块，通过"双核驱动"打造安全应急产业完整的产业链，其中，"丹灶制造"主要基于丹灶镇内智能安全产业园的整体规划；"大沥服务"则是以智慧安全小镇为核心，积极打造安全应急产业展览展示中心、商贸交易平台、研发科创平台和教育培训基地，打造集安全应急产品研发设计、展览推广、检测检验、设备租赁、融资担保等服务于一体的高品质安全应急服务产业集聚区。

三、依托平台优势，助力产业创新发展

除了深厚的制造业基础，粤港澳大湾区安全应急产业还拥有创新研发、成果转化、孵化器等各类公共服务平台。在研发机构与平台方面，粤港澳大湾区（南海）智能安全产业园拥有船级社旗下 DNVGL 国际安全评级学院，通过培训和评级来帮助企业实现 HSE 国际标杆，ThinkSafer 本质安全研究院则侧重本质安全研究与提升，打造安全应急产业 6 大平台、12 大专业领域，提供全球领先的一站式解决方案服务。佛山市南

海区公共安全技术研究院以产业研究、项目孵化和引进、园区服务、资源整合与平台搭建等安全应急产业生态建设为主要职责，赋能南海安全应急产业升级发展。在成果转化平台方面，广东省科学院仙湖科创加速器重点培育的中科云图项目获评广东省安全应急装备应用试点示范工程推荐项目。此外，粤港澳大湾区还拥有低空无人机遥感网数字化安全应急中心等安全应急产业重点平台，这一方面可以为产业园区提供技术支持，另一方面还可以汇聚各方资源，实现资源的优化配置和协同。

四、突出科技引领，创新发展优势不断巩固

粤港澳大湾区依托坚实的产业基础，用智能化和信息化改造传统产业，坚持"政府引导、市场主导、产教融合"的发展思路，集中发展重点领域安全应急产品，探索创新安全应急产业服务模式，强化龙头带动效应，以"科研-孵化-产业化"一体化发展模式，不断打造新的经济增长点。例如，佛山市坚持以创新驱动为主引擎，创建或引入安全应急产业联盟、公共安全研究院等 10 多个安全应急产业发展平台，孵化引进了一批重点企业，建成企业工程中心、实验室 25 家，引进高层次人才80 人，其中院士 7 人，制定标准 56 项，申请知识产权 1600 多件，创新驱动优势逐步显现。江门市也高度重视自主创新能力提升，相继出台了《江门市关于技术创新中心建设资助实施办法》《关于强化以科技创新支撑"5N"产业集群发展的工作措施》《江门市科技企业孵化载体认定管理办法》等政策文件，旨在深入实施创新驱动发展战略，加快推进全市技术创新中心建设，建立以企业为主体、市场为导向、产学研深度融合的技术创新体系。

第三节　典型代表省份——广东省

安全应急产业区域发展分布基本形成了"三核引领，中西并进"的新发展格局，位于"三核"之一的粤港澳核心区的广东省于 2020 年率先将安全应急与环保产业纳入"十大战略性新兴产业集群"，以智能制造、大数据、工业互联网及现代服务业为抓手，建设了以粤港澳大湾区（南海）智能安全产业园为代表的智能安全应急产业集群；以"应急监

测预警+应急救援技术+高端智能制造"为发展目标，打造了大湾区（东莞）应急产业园；以安全应急产业园、应急管理学院、应急科普体验中心、大湾区应急物资储备中心、全国重点实验室为依托的安全应急产业"五维一体"发展格局，创建了江门市安全应急产业园。

一、政府对产业高度重视

广东省在安全应急产业政策方面持续发力，为产业提供良好的发展环境。早在 2016 年，广东省人民政府办公厅就出台了《关于加快应急产业发展的实施意见》。2017 年，广东省经济和信息化委印发实施《应急产业培育与发展三年行动计划》。2018 年，工业和信息化部、应急管理部和广东省人民政府共同签署了《共同推进安全产业发展战略合作协议》，为安全产业营造了更加广阔的发展空间。2023 年 12 月 30 日，广东省工业和信息化厅、广东省发展和改革委员会、广东省科学技术厅、广东省生态环境厅、广东省应急管理厅、广东省市场监督管理局联合印发了《广东省培育安全应急与环保战略性新兴产业集群行动计划（2023—2025 年）》，在安全应急产业方面明确了提升供给能力和质量、推动科技创新和成果转化、建立安全应急物资生产保供体系、推动绿色生产和消费体系建设等四大重点任务，并就落实重点任务提出了安全应急关键技术装备提升工程、安全应急服务质量提升工程等安全应急相关重点工程，同时，聚焦安全应急监测预警技术装备、应急处置救援技术装备、安全应急服务等细分领域，提出了各细分领域技术装备重点发展方向。

二、技术创新优势明显

广东省在提升安全应急产业高端化水平方面主动作为，通过系列组合拳激励企业提升安全应急产品科技含量。目前，广东省从传统低端的生产制造企业，到服务应急管理的软件开发等高新技术企业，各类安全应急企业都比较齐全，通过多年的探索创新，积累了良好的技术、产业、人才基础。特别是近年来，广东省以安全应急市场需求为导向的技术创新有显著突破，以智能机器人、大型应急救援设备等先进装备为代表的

一大批安全应急产品研发成功，既带动发展了先进制造业，也提升了全省应急救援能力，在历次国内外重大灾害抢险救援中发挥了至关重要的作用。

三、产业集聚发展效果突出

广东省安全应急产业从区域分布来看，表现出较强烈的集群效应，75%以上的安全应急企业集中在珠江三角洲地区，省内也形成了多个产业集聚区。其中，南海区是全省的安全应急产业发展高地，佛山南海工业园区成功获批全国首批、广东唯一的国家安全应急产业示范基地（综合类）。东莞市全力打造"一群一台三新"的"113"安全应急产业发展格局，即建设包括一个央企引领的大中小产业链融通的产业集群；一个全球一流的安全应急综合服务平台；全面打造"应急监测预警+应急救援技术+高端智能制造"的国内外顶尖百余家企业集群发展新标杆，涵盖"产学研、投融建、运管服"的全链条服务新样板，构筑新产业、新基建、新业态的产城融合示范新高地。江门市构建了安全应急产业园、应急管理学院、应急科普体验中心、大湾区应急物资储备中心、全国重点实验室"五维一体"产业发展布局。江门高新技术产业开发区和东莞塘厦安全应急产业发展聚集区均获评国家安全应急产业示范基地创建单位。

四、以会展促进产业发展

广东省南海区致力于打造区域 IP，强化以会促产、以展促产，力推会展+产业生态常态化，加速聚集安全应急产业优质资源。2023 年 11 月 30 日，广东省佛山市举办了以"创新驱动、应用牵引、繁荣生态，推动安全应急产业高质量发展"为主题的 2023 中国安全应急产业大会，此次会议也是南海区第三次作为东道主承办这一国家级行业盛事。在中国安全产业大会引领带动下，南海区安全应急产业集聚发展显著提速。2022 年，南海区安全应急产业产值近 500 亿元，复合增长率超过了40%，已引入安全应急行业龙头企业、科技型企业、科研机构和安全生产服务产业企业超 150 家，逐步形成安全应急产业战略性新兴产业集群效应。

第十五章

中部地区

第一节　整体发展情况

我国中部地区包括河南、湖北、湖南、安徽、山西、江西6个省份，是我国实施长江经济带发展战略、推动共建"一带一路"倡议的重要组成部分（注：安徽省在第十三章已有部分介绍）。中部地区安全应急产业以技术创新为驱动力，以市场需求为导向，涵盖了应急预警、应急救援、应急通信、应急医疗等多个领域。该产业链条完整，涵盖了从研发、生产、销售到服务的全过程，形成了一批具有较强竞争力和影响力的企业群体。这些企业在各自领域内不断取得突破，推动了中部地区安全应急产业的快速发展。该地区安全应急产业链条完整，龙头企业集聚，创新动力强劲，产业特色突出。

一、发展优势

地理位置优越。中部地区地处我国内陆腹地，不仅交通网络四通八达，便于物资的快速运输和人员的迅速调配，而且资源丰富，拥有多种矿产资源和农业资源，为安全应急产业的原材料供应提供了保障。这种地理位置的优势使中部地区在安全应急响应、资源调配和物资保障等方面具有得天独厚的条件，能够有效地应对各种突发事件和紧急情况。

产业基础雄厚。中部地区拥有较为完善的工业体系和制造业基础，尤其是在机械制造、电子信息、新材料等领域具有较强的实力。这些产业基础为安全应急产业的发展提供了先进的技术和设备支持,使中部地区能够研发和生产出高效、可靠的安全应急产品和设备,满足市场的需求。

市场需求广阔。随着我国经济的快速发展和城市化进程的加速推进,社会对于安全应急领域的需求不断增长。特别是在自然灾害、事故灾难、公共卫生事件等突发事件频发的情况下,人们对于安全应急产品和服务的需求更加迫切。中部地区作为人口密集、经济活跃的地区之一,其市场需求尤为旺盛。这为中部地区安全应急产业的发展提供了广阔的市场空间和发展机遇。

二、各省情况

河南省作为中部地区的重要一员,在应急医疗器械、应急通信保障、安全材料、汽车专用安全生产装备等领域展现出了强大的竞争力。河南省医疗器械企业不断创新,研发出了一系列高效、便捷的应急医疗设备,为抗击新冠疫情、保障人民生命安全做出了重要贡献。应急通信保障企业则凭借先进的技术和完善的网络布局,确保了在紧急情况下的通信畅通无阻。安全材料和汽车专用安全生产装备企业也在不断提升产品质量和技术水平,为相关行业的安全生产提供了有力保障。

湖北省素有"九省通衢"之称,其特种车辆、生命救护产品、新材料等领域产业链条完整。湖北省特种车辆制造企业凭借精湛的工艺和先进的技术,打造出一批批性能卓越、品质优良的特种车辆,为应急救援、抢险救灾等提供了有力支持。生命救护产品企业则专注研发和生产各类高效、便捷的救护产品,为受伤人员提供了及时有效的救治。新材料企业则不断推陈出新,研发出了一系列具有优异性能的新材料,为相关产业的发展提供了有力支撑。

湖南省应急装备制造基础雄厚,应急救援装备、应急监测预警装备、航空应急救援装备、应急医疗装备四大类产品琳琅满目,满足了不同领域的应急需求。这些装备不仅技术先进、性能稳定,而且具备高度的可靠性和适用性,为应急救援和抢险救灾提供了坚实保障。

安徽省以"公共安全"为突破口,致力于推动安全应急各领域向高端化、智能化、绿色化、服务化方向发展。安徽省企业不断引进先进技术和管理经验,提升自主研发和创新能力,推动产业转型升级。安徽省还注重与国内外先进企业的合作与交流，共同推动中部地区安全应急产业的繁荣发展。

山西省作为我国重要的能源基地之一，在矿山安全领域也取得了显著成绩。山西省企业针对矿山安全的特殊需求，研发出一系列具有针对性、实用性的安全生产产品和技术，为矿山安全生产提供了有力保障。山西省还积极推动矿山安全领域的产学研合作和技术创新，为相关产业的发展注入了新的活力。

江西省以安全材料、航空救援装备为重点，坚持"一链一策""一群一策"的发展策略。江西省企业在政府的大力支持下，大力引育骨干企业，推动产业链集群化发展。江西省还注重提升产业链的整体竞争力和创新能力，努力打造具有国际竞争力的安全应急产业集群。

第二节　发展特点

随着全球化的不断深入，世界各地的联系日益紧密。安全应急产业作为保障社会稳定和人民生命财产安全的重要力量，其发展受到了各国政府和国际社会的广泛关注。我国中部地区安全应急产业的发展不仅关系到区域经济的稳定增长，更是国家安全战略的重要组成部分。中部地区作为我国人口密集、经济活跃的区域，其安全应急产业的发展具有以下 8 个方面的显著特点。

一、产业集聚发展趋势明显

目前，中部地区共建有 9 个国家安全应急产业示范基地（含创建单位），其中综合类基地 4 个，专业类基地 5 个，包括合肥高新技术产业开发区、湖北省随州市曾都经济开发区、长沙高新技术产业开发区 3 个国家安全应急产业示范基地，以及合肥经济技术开发区、株洲高新技术产业开发区、鹤壁经济技术开发区、长垣高新技术产业开发区、十堰经济技术开发区、仙桃高新技术产业开发区 6 个国家安全应急产业示范基地创建单位。依托基地建设，中部地区安全应急产业呈现细分领域集聚发展态势。

二、创新资源丰富

中部地区科研院所众多，科技人才和专业技术人才储备强大，地区内不仅拥有湖南大学、湖北大学、中南大学、华中科技大学、武汉理工大学、郑州大学、南昌大学、山西大学、太原理工大学等多所知名高校，还建有几十个国家级研发基地、实验室、工程技术中心等科技创新平台，分布在材料、车辆、医疗器械、抢险装备、轨道交通等多个领域，培育了众多单项冠军、隐形冠军、科技小巨人、高新技术企业，科技成果转化程度高。创新链和产业链对接顺畅，为中部地区全面提升安全应急产业基础高级化和产业链现代化水平奠定了基础。

三、区域发展格局日趋成熟

中部地区以安徽、江西、湖北、湖南等省份为核心，成功构建了一条在全国范围内都具备较高知名度和影响力的安全应急产业带。中部地区不仅拥有得天独厚的地理位置，而且资源丰富，为安全应急产业提供了坚实的基础。中部地区相关园区充分利用政策引导和市场机制，积极吸引和培育安全应急企业，并通过优化营商环境、提供税收优惠、加大资金支持等政策措施，成功吸引了大量优质企业入驻，形成了具有区域特色的产业集群。这些企业涵盖了安全应急产业的各个环节，形成了完整的产业链，为中部地区的安全应急事业注入了强大活力。

四、产业规模不断扩大

随着国家对安全应急产业重视程度的日益提升，中部地区的安全应急企业数量和产值均呈现出显著增长的趋势。中部地区的安全应急企业涵盖了从安全防护、应急救援到风险评估、技术咨询等多个领域，形成了多元化的产业格局。企业凭借先进的技术、专业的团队和丰富的经验，为社会提供了全方位、多层次的安全应急服务。无论是面对自然灾害、事故灾难还是公共卫生事件，这些企业都能够迅速响应、有效应对，为保障人民群众的生命财产安全发挥了重要作用。随着产业规模的持续扩大，中部地区的安全应急产业将进一步优化升级，提高服务质量和效率。

中部地区还将加强与其他地区的合作与交流，共同推动安全应急产业的区域协调发展，为国家的安全应急事业作出更大贡献。

五、政策支持力度持续加大

为了推动安全应急产业的快速发展，国家和地方政府纷纷出台了一系列扶持政策，这些政策涵盖了税收优惠、资金扶持、人才培养等多个方面，为安全应急产业的健康发展提供了坚实的保障。政策的实施，为中部地区的安全应急产业注入了强大的动力。中部地区的安全应急企业将不断创新、积极进取，努力提高自身的竞争力和市场地位，为推动安全应急产业的持续发展贡献更多力量。

六、技术创新与应用不断深化

中部地区依托其地理优势和资源优势，积极拥抱物联网、大数据、人工智能等新技术，通过技术创新不断提升服务能力和效率。中部地区的安全应急企业纷纷加大研发投入，与高校和科研机构紧密合作，推动产学研一体化发展，共同探索新技术在安全应急领域的应用。这些努力不仅提升了企业的竞争力和服务水平，也为保障人民生命财产安全提供了坚实的技术支撑。随着技术创新的不断深化，中部地区的安全应急产业将继续保持强劲的发展势头，为构建更加安全、高效、智能的应急管理体系贡献力量。

七、市场需求的持续增长

中部地区的安全应急企业积极投入研发和生产，提供高质量的产品和服务，以满足不断增长的市场需求。这些企业通过引进先进技术、优化生产流程、提升产品质量等方式，不断增强自身竞争力，在激烈的市场竞争中脱颖而出。同时，企业也密切关注市场动态和消费者需求，不断创新产品和服务，满足市场的多元化、个性化需求。这些努力不仅使中部地区的安全应急企业获得了市场份额的增长，也为整个产业的快速发展注入了强劲动力。

八、区域协调发展不断加强

为了共同推动安全应急产业的整体发展，中部地区致力于资源共享和优势互补，形成了紧密的合作网络。通过加强政策沟通、技术协作和市场对接，中部地区的安全应急企业能够共同应对挑战，分享成功经验，推动产业链上下游的深度融合。这种区域协调发展的模式不仅提高了中部地区安全应急产业的综合竞争力，也为保障人民生命财产安全提供了更加坚实的区域支撑。

第三节　典型代表省份——湖南省

湖南省安全应急产业主要涉及应急救援装备、应急监测预警装备、航空应急救援装备、应急医疗产品四大领域。省内龙头企业和优势产品众多，三一重工、中联消防、山河智能、长沙迪沃、华汛应急装备在应急抢险装备、消防车、大流量排水装备等产品方面具有显著优势，华诺星空、联智科技、中大检测、景嘉微电子、北斗微芯等企业产品，涵盖高精度地灾监测预警系统、数字化城市安保通信车等，在行业内保持领先地位。

重视顶层设计。湖南省发布了《湖南省"十四五"应急体系建设规划》，提出了优化安全应急产业结构、推动安全应急产业集聚、推进实施自然灾害防治技术装备现代化工程等多项举措促进安全应急产业发展。部分市州也在多项规划中提出要促进安全应急产业发展的措施，如《长沙市"十四五"应急管理和安全生产规划（2021—2025 年）》提出大力推进应急产业发展，推动安全与应急装备（含特种装备）产业发展等。

不断加强示范基地和特色产业集群建设。湖南省集中优势资源建设了 2 家国家安全应急产业基地（含创建单位）：一是长沙高新区，产业领域覆盖工程抢险装备、生命搜索与营救装备、反恐防暴处置装备、应急通信与应急指挥、灾害监测预警。基于"工程抢险装备"全国乃至全球先进的产业基础，长沙高新区加快与探测搜救、北斗导航、应急通信等新兴产业领域的融合，发展以"工程抢险+探测搜救"为特色的优势安全应急产业，2022 年基地安全应急产业领域内企业销售收入接近 300

亿元。二是株洲高新区,构建了以轨道交通安全装备和智能系统为主体、以应急救援装备为配套的产业体系,初步形成了"轨道交通+通用航空+新能源汽车"应急救援为特色的产业集聚,2022 年,基地安全应急产业领域内企业销售收入达 340 亿元。

持续推进装备研制攻关。2020 年,湖南省在全国率先探索开展自然灾害防治技术装备重点任务工程化攻关"揭榜挂帅"工作,采取"竞争机制+后补助+前期预付"组合拳的形式,支持企业开展一批重大自然灾害防治技术装备攻关。湖南省工业和信息化厅于 2021 年支持了 22 个重大技术装备"揭榜挂帅"攻关项目,2022 年又新支持 10 个自然灾害防治技术装备重点任务"揭榜挂帅"工程化攻关项目,拉动项目投资 2 亿元,有望再次填补一批防灾减灾救灾技术装备空白。

园 区 篇

第十六章

徐州高新技术开发区

第一节　园区概况

　　江苏徐州是我国最早集聚发展安全应急产业的区域，拥有国家安全应急产业示范基地。为贯彻落实党的二十大精神，提高防灾减灾救灾和重大突发公共事件处置保障能力，加强国家区域应急力量建设，徐州市布局为全国安全应急产业发展探路和安全科技创新谋局两大任务，加快打造具有国际影响力的"中国安全谷"。徐州高新区是徐州发展安全应急产业的主阵地，自 2010 年就开始规划建设安全科技产业园，并连续主导召开 8 届安全产业协同创新推进会和 3 届安全应急装备博览会。近年来，徐州高新区凭借自身在安全应急领域积累的科技研发、装备生产、企业集聚等方面优势，将安全应急产业培育作为高新区的战略性新兴产业，不断推进高新区产业战略转型。目前，徐州高新区在安全防护、监测预警、应急救援、安全应急服务等领域集聚企业超过 800 家，包括徐工消防、中国中车、鲁班消防、徐州安全产业研究院等知名企业和院校机构，产业规模超过 600 亿元，规模以上企业 123 家，专精特新企业42 家。

　　徐州国家安全科技产业园（以下简称"安科园"）是徐州高新区发展安全应急产业的核心区，是徐州国家高新区与中国安全生产科学研究院积极落实国家"科技兴安"精神而共同建设的。园区内拥有江苏省安全应急装备技术创新中心、江苏安全应急装备产业技术研究院、国家级中安科技企业孵化器等 30 多个创新平台，带动了园区产业的协同创新发展。安科园园区总占地面积 750 亩，总建设面积约 100 万平方米，建有高标准厂房、综合服务中心、配套人才公寓等。2013 年 9 月，安科园被工业和信息化部、原国家安全监管总局列为国家安全产业示范园区创建单位，同年 12 月，被科技部批准为国家火炬安全技术与装备特色产业基地。2016 年，安科园被工业和信息化部、原国家安全监管总局批准为全国首家、目前唯一的国家安全产业示范园区。2022 年 12 月，被工业和信息化部、国家发展改革委、科技部评为第一批国家安全应急产业示范基地。

第二节　园区特色

一、产业规模不断扩大

徐州高新区围绕打造有国际影响力的中国安全谷目标，积极开展协同创新，加快建设专业基地，不断壮大产业体量，提升行业引领力。

矿山安全装备优势凸显。徐州高新区充分利用中国矿业大学的科技资源，矿山安全技术与装备产业得到了快速发展，以矿山安全感知物联网为纽带，集聚了矿用电子、矿用电气控制、采煤装备、安全提升装备、输送装备、通风装备、筛分装备、排水装备等企业，形成了矿山装备技术的横向产业链。同时带动了矿山装备零部件的发展，目前拥有矿山安全耐磨件、液压件、矿用防爆电器、断带保护系统、输送机械制动系统、采煤机械核心零部件、矿用变频装置等，推进了矿山安全装备产业链的延展。

城市公共安全装备快速发展。产业园区内拥有易华录安全信息大数据湖、中矿安华智慧安全监管平台、清华大学城市公共安全示范工程指挥中心城市安全运行监测平台、昂内斯电气火灾联网监测平台、恒源电器新能源汽车检测大数据平台、格利尔可见光通信系统等，城市公共安全应急产业快速崛起。此外，徐州高新区以智慧城市为基础，积极探索安全应急产业新领域，目前生产出可穿戴康复器械、家庭用甲醛测试仪、PM2.5 测试仪、空气净化器等安全产品，还研发出安全自动监控系统、防盗报警系统、火灾报警系统、居家智能控制系统等智能安全产品。

消防装备成为新增长点。消防装备是近年来安全应急产业拓展的新领域，目前具有旺盛的发展势头。在产业基地内，引进了徐工消防安全装备有限公司，主要生产灭火类消防车、举高类消防车、专勤类消防车、保障类消防车、升降工作平台及其配套件等产品，年生产各类消防车1000台、高空作业平台12000套；引进了安华消防、鲁班智能等，建设了生物气溶胶灭火项目，产品涵盖应急泄漏处理系列、生物环保消防系列、应急泄漏灭火系列等，培育了雷龙消防、克林斯曼等科技型企业；引进了北京凌天世纪控股有限公司，在产业园建设特种机器人制造基地项目，年生产消防特种机器人2000套；同时，还引进了江苏鸿鹄无人机应用科技有限公司、东方恒基集团等，在高新区建设消防无人机项目。

危化品安全解决方案快速萌生。随着徐州高新区安全应急产业的快速发展，危化品安全和居家安全产品生产企业不断进入高新区。在危化品安全领域，目前已建成危化品安全大数据平台、重大危险源事故隐患监测与防控系统、城镇可燃易爆气体安全监控预警系统、基于物联网的石油化工行业在线智能诊断系统、油气库站安全智能保护器等。新聚安全燃气云场站管理平台实现了从厂家到用户的全覆盖监测，华飞电子大数据联网监控平台能够做到城市内涝监控数据对比联动，雷龙电子逃生系统可以实现安全逃生智能提醒。

二、产业集聚效应日趋凸显

徐州高新区安全应急产品涉及《安全应急产业分类指导目录》中安全防护、监测预警、应急救援处置、安全应急服务全部四个大类，成为全国安全应急产业率先发展的标杆。

在安全防护领域，已建成全国最大的矿山、工贸安全防护装备制造集群。具有代表性的是徐州市工大三森科技有限公司的自动换绳机，实现了钢丝绳更换自动化，打破了德国西玛格公司的垄断，成为应急管理部首批"四个一批"重点推广装备。肯纳金属、中矿传动、中机矿山、华洋通信等一批防护企业实现快速成长。

在应急救援处置领域，以徐工消防为代表，目前已形成具有登高、举喷、云梯及专勤灭火类消防车等产品的成套救援灭火产品群，打造了一支专用化、成套化消防救援的强大军团。借助徐工先进的臂架设计及制造经验，徐工消防实现了剪叉、曲臂、直臂三大系列，30余款新一代高空作业平台产品群。举高类消防车连续11年国内销量排名第一且不断攀升，高空作业平台类产品整体规模已跃居"中国第一，全球第五"，成为全国最大的消防装备研发生产基地。徐工2023年重磅推出的"王牌"产品登高平台消防车最大工作高度101米、最大工作幅度25米。徐州万达智能面向地震、泥石流、台风等重大自然灾害中存在的大型救援装备无法快速抵达、灾害现场救援任务复杂但处置装备功能单一、多种救援装备协同作业能力差等难题，研发生产了大型模块化全地形智能双臂救援工程机械装备，并实现了国家重大自然灾害抢险救援现场的多次应用。

在监测预警领域，城市公共安全、冷链安全、燃气安全、水灾监测、电网电气安全等多个领域突破了一批新技术、研制了一批新产品、创制了一批综合解决方案，培育了新聚安全、精创电气、雷龙消防等一批专精特新企业。其中，雷龙消防是一家集研发、生产、销售和服务于一体的企业，其研制开发的智能消防监测系统、自组网通信系统、消防智能值守机器人等产品具有自主知识产权，可实现对进口产品的完全替代。

在安全应急服务领域，集聚了环境安全检测服务、安全用电托管服务、智能消防集成服务、安全生产智能化监管平台服务、安全应急产业投融资服务等17类安全应急服务领域企业。其中，爱尔沃特成为淮海经济区最大的环境安全监测领军企业，其在焦炉烟气脱硝、脱硫技术工艺方面取得了较大突破；中矿安华的双重预防机制服务体系突破了安全管理工作长期以来依赖人工检查的局限性，通过图像识别、数据挖掘等技术，实现矿井隐患、人员三违行为的智能识别，并通过联动机制，主动提醒相关责任单位和人员，充分发挥智能信息技术在煤矿安全管理中的积极作用，在煤炭行业中，市场占有率位居全国第一。

三、产业创新生态建设取得成效

徐州高新区积极推进安全应急产业科技创新生态体系建设，创建了国内安全应急领域首个省级创新中心。积极推动各类前沿技术迅速转化应用，组建江苏省安全产业创新中心，建设安全应急产业公共服务平台；

"科创中国"安全应急产业创新基地和"科创中国"军工安防与应急创新基地入选"科创中国"创新基地拟认定名单；徐州高新区企业已与110所全国高校院所建立了长期的产学研合作关系，规模以上企业实现研发机构全覆盖。徐州高新区还联合国内知名高校组建"N+1科技创新联盟"，致力于安全应急科技的协同创新和关键技术攻关；建立中矿传动、徐工消防等多个区域行业研发中心，成为国内先进的安全应急产业研发制造中心；中安科技孵化器和高新区大学创业园获批国家级孵化器，累计孵化企业1300余家。

在国际合作方面，高新区连续举办8届中国安全科技产业协同创新推进会和3届"一带一路"安全应急产业发展国际论坛，先后在美国、加拿大、德国、英国、俄罗斯、白俄罗斯等建设了4个海外科技孵化器，3个海外技术转移中心。

第十七章

广东佛山南海工业园区

第一节　园区概况

佛山市南海区经济基础雄厚，具有优良的区位优势。南海区位于珠江三角洲腹地，毗邻广州、香港、澳门，是粤港澳大湾区连接全球的重要节点之一，也是"一带一路"南大门的重要组成部分。依托粤港澳大湾区的战略部署，南海区经济增长势头强劲，2023 年南海区实现地区国民生产总值 3930.50 亿元，其中规模以上工业增加值 1739.73 亿元，先进制造业增加值占规模以上工业增加值比重超过 45%；工业投资总量突破 450 亿元，同比增长 30.4%，全年引进 1 亿元人民币或 1000 万美元以上项目 121 个，以活跃的招商引资为经济高质量发展保驾护航。目前，南海区拥有 2 个国家级产业集群升级示范区、4 个全国知名品牌创建示范区、5 个省级产业集群示范区，多年蝉联地级市市辖区"高质量发展百强区"第二名。

佛山南海区把安全应急产业作为打造"两高四新"现代化产业体系的重点发力方向，逐步构建起涵盖生产、研发、商贸、会展、培训、教育、平台建设以及其他衍生服务的新型安全应急产业生态体系。南海区呈现"丹灶制造、大沥服务"的安全应急产业布局，通过"双核驱动"打造安全应急产业完整的产业链。2022 年，佛山南海工业园区获批全国首批、广东唯一的国家安全应急产业示范基地（综合类）。佛山南海工业园区地处丹灶镇，依托粤港澳大湾区（南海）智能安全产业园这一主要载体，总规划面积 1.5 万亩，涵盖 3000 亩核心园区、万亩连片大型生产扩展基地、中试基地，投资总额超过 500 亿元。佛山南海工业园区围绕大数据、云计算、人工智能、工业互联网等新一代信息技术创新链，部署发展涵盖安全防护、监测预警、救援处置、应急服务等的全产业链条。目前，园区已吸引十余家创新平台和数百家行业领头企业入驻，包括国家安全产业大数据平台华南节点、广东省科学院院士成果转化中心、本质安全研究院等 10 个创新平台，以及徐工建机、中科云图、乾行达、思百危等 175 家领头企业，其中规模以上企业 12 家、高新技术企业 52 家，涉及生产安全、交通安全、城市安全、智慧安防、公卫安全、安全服务等多个领域。佛山南海工业园区作为全国范围内走在前列的安全应急产业发展样本，探索出一条"研发、孵化、加速、服务、基地、基金"六位一体的产业发展路径，打造形成"生产、生活、生态"高度融合的业态模式。未来，佛山南海工业园园区将在引育企业和科创平台上持续发力，计划在现有基础上再增加 300～500 家细分领域龙头企业、高新企业和科创平台，将园区发展成为国内领先的安全应急产业生产制造和科研成果转化的集聚中心。此外，南海区已成功举办了 3 届中国安全应急产业大会，有效提升了产业影响力。

第二节 园区特色

一、打造完善的安全应急产业生态体系

佛山南海工业园区打造了完整的安全应急产业体系。当前，园区涵盖了安全材料、专用安全生产设备、劳动保护用品、自然灾害监测预警产品、事故灾难监测预警产品、公共卫生事件监测预警产品、抢险救援装备、应急救援现场保障装备、生命救护产品、安全应急服务等各个领域，生产产品超百种，上游的原材料、技术研发平台、配件加工等链条相对完善，下游市场、应用端、集成商等也得到了广泛开拓。从各细分领域来看，例如在专用安全生产装备方面，南海区拥有传统汽车整车及零部件生产完整链条，整车企业包括一汽大众、北汽福田欧辉客车、广东福迪 3 家大型企业，另外辅以各类零部件汽配产业群；在抢险救援类

领域，广东益利安消防材料、佛山市中技烯米新材料生产的防火阻燃材料（包括石墨烯发热膜、石墨烯发热片、阻燃尼龙 66 复合材料等）为南海区鸿凯消防、佛山市技强消防、南海铧杨消防器材等消防设备生产企业提供了上游原材料；在紧急医疗救护产品细分领域，包括口罩、防护服、消毒液、医用敷料等医疗器械以及空心胶囊、药品等生产，东丽纺粘非织造布、贝里国际的防护服复合材料、南海必得福生产的高端纺熔复合非织造布有力支撑了南海康得福等口罩、防护服生产企业。其中，代表性企业——南海必得福专注纺熔无纺布的研发制造和深加工产品生产，从上游无纺布原材料生产到中游口罩、防护服的生产，已形成完整的产业链，产品在卫生材料、工业、医疗耗材三大领域得到广泛应用；在安全应急服务领域，南海区兼顾投融资服务、展览展示、安全咨询、安全检验检测、教育培训等方面，并打造了全国首个聚焦安全应急产业的会展中心，该中心承载了展览展示、会议研讨、商务活动、产业孵化等多种功能，加速聚集安全应急产业优质资源。

二、智能化转型引领安全应急产业发展

南海区政府积极推进"数字领航"工业技术改造，工业技术改造涵盖新技术、新工艺、新设备、新材料等多个领域，以政策驱动和典型企业带动的方式推动企业数智化转型，成为拉动工业增长的重要动力。截至 2023 年底，南海区已培育出 17 家数字化示范工厂、75 个数字化示范车间，超过 2400 家规模以上工业企业实施了数字化转型，转型企业数占全区比重达 55%。园区企业紧跟区域数字化、智能化转型的发展趋势，大力开展智能化改造、工业互联网平台搭建、数字车间和智能工厂建设，推进新一代信息技术在安全防护、监测预警、应急救援处置、安全应急服务等领域的融合应用。通过工业技术改造，传统制造企业有效降低了生产成本、提升了品控质量，并具备了个性化、定制化生产的能力。在安全防护领域，广东新劲钢针对传统的劳动密集型工序开展了自动化改造，例如机器人码垛包装生产线，实现了智能排产、包装质量监控，杜绝了包装少件、错件及残次产品的现象；在监测预警领域，中科云图以"点、线、面"的布局逐步推广无人机和大数据 AI 产业发展，已为全国多地提供能源设备巡检、河道航拍立体巡查、活动安防等空地

一体、云边协同的无人机智慧巡检服务。在安全应急服务领域，艾科技术通过应用物联网和云计算技术，打造"平台+智能硬件+解决方案+服务"的产品体系，为客户提供智慧建筑能源管理、智慧供热管理、智慧水务三大领域的整体解决方案。佛山人保构建"互联网+安责险+风控服务+大数据"的全新服务体系，依托安责险构建"多元主体、社会共治"的全新保险模式。

三、以技术驱动打造隐形冠军集聚高地

南海区拥有 144 家制造业全国"隐形冠军"，自主创新能力强、市场占有率高，在提升国际竞争力，解决"卡脖子"技术难题，打造产业聚集高地等方面具有重要的地位。一方面，园区企业在安全防护、监测预警、应急救援处置等相关领域的技术和产品达到了国际领先水平。例如，南华仪器依托其研发和应用能力，开发出了基于红外测量技术的NHA-509 汽车排放气体测试仪和 NHAT-610 柴油车排气分析仪；必得福研发出了高滤低阻熔喷布，该产品对油性颗粒过滤效率表现优良，通过了欧盟个人防护标准的 FFP2 等级认证，已实现大规模生产出口。另一方面，众多企业在相关行业标准制定中发挥了主导作用。例如，必得福主导起草了纺织业国家标准《纺织机械术语纺丝成网法非织造布机械》，参与了《纺粘热轧法非织造布》标准制定，雪莱特光电科技公司参与了《紫外线杀菌灯》相关国家标准的起草工作等。此外，园区在服务型制造业上发展迅速，采用人工智能、机器人等先进技术赋能新质生产力。例如，艾乐博机器人科技公司以运用工业工程的方法，通过开发机器人和智能设备助力精密铸造企业；佛山华数机器人公司通过云平台实现了对机器人全生命周期的数据采集和智能运维应用，对于生产中出现的装配异常产品，云平台能够进行自动标记和分拣处理。

第十八章

合肥高新技术产业开发区

第一节　园区概况

一、产业构成

合肥高新技术产业开发区（以下简称"合肥高新区"）紧紧抓住国家大力发展安全应急产业的战略机遇，按照"领军企业—重大项目—产业链—产业集群"的思路，积极推进基地快速发展。近年来围绕安全应急产业持续开展建设，形成了以监测预警、安全防护为主体，应急救援处置、安全应急服务等协同发展的产业格局，产业分类涵盖《安全应急产业分类指导目录》中的 4 个大类，9 个中类，20 个小类，打造监测预警特色企业 70 家、安全防护特色企业 65 家、应急救援处置特色企业 30 家、安全应急服务特色企业 50 家。2023 年，合肥高新区安全应急产业规模已超过 500 亿元，连续 3 年复合增长率达到 15%以上，规模以上企业超 120 家。

二、创新能力

合肥高新区建立共性技术研发和推广应用平台，为安全应急产业示范基地发展提供核心动力，已申报成立安全应急领域省级以上研发机构 71 家，包括 4 个国家级重点实验室，6 个国家级工程技术研究中心，7 个国家级企业技术中心；产学研用平台建设方面集聚中科大先研院、中国科学院创新院、中国科学院重庆院合肥分院等各类新型创新组织 50

多家，累计建设各类联合实验室、技术研发和成果转化平台近 100 个，转化各类成果 1000 余项，孵化企业 600 余家。

在研发成果方面，多项科技成果取得突破，其中中电 38 所预警机、北斗导航装置都居于国际领先地位；科大讯飞在中文语音合成、语音识别、口语评测等多项技术上拥有国际领先的成果，获迄今中国语音产业唯一的"国家科技进步奖"；合肥三联交通公司中国道路机动车交通事故主要预防技术研究及应用项目获国家科技进步一等奖；合肥通用机械研究院牵头的"极端条件下重要压力容器的设计、制造与维护"项目获国家科技进步一等奖；科大立安公司研发的 LA100 型火灾安全监控系统，被公安部消防局专家鉴定为整体水平处于世界领先水平，荣获国家科技进步二等奖；合肥工大高科公司 CRI2002 企业铁路智能运输调度综合信息平台荣获国家科技进步二等奖和第五届安全生产科技成果奖；安徽科力信息公司承担了工业和信息化部、公安部等五部委的智能交通项目。

三、营商环境

为给不同发展阶段的安全应急企业提供差异化服务，合肥高新区以孵化器为核心建立了"众创空间＋孵化器＋加速器+创业社区"一体化的创业孵化链条，构建"大企业顶天立地、小企业铺天盖地"的良好企业培育生态系统。当前，园区安全应急产业企业迅速集聚，中电 38 所、科大讯飞、四创电子、国盾量子等一批自主培育企业发展势头迅猛，同时引进了赛为智能、新华三、海康威视等国内外知名龙头企业。合肥高新区出台一系列产业政策和发展规划，在财税、人才、创新创业、集聚发展等方面，支持和引导安全应急产业快速发展。产业政策导向明确对安全应急产业给予重点扶持；引入股权投资基金 90 支、基金管理公司 60 余家，各类投资机构和基金投资园区安全应急产业企业项目数量超过 200 个；建成了 198 个公共服务平台，为区内安全应急产业的快速发展提供了有力保障。

四、企业品牌

培育了一批专精特新"小巨人"企业和具有特色的知名品牌，龙头

企业牵头标准制定，引领整个行业的发展，增强企业、技术、产品等在业内的竞争优势。其中，工大高科、同智机电、波林新材料等获得工业和信息化部专精特新"小巨人"荣誉称号；中电 38 所的合成孔径成像雷达（SAR）遥感成像技术处于世界先进水平，在淮河水灾监测、数字城市建设中得到成功应用；四创电子的应急指挥车已成功进入人防、公安、消防等公共领域，分布于 10 多个省市，占据整个市场份额的 60%。

第二节　园区特色

一、依托于新一代信息技术的突出优势，打造形成监测预警特色产业集群

新一代信息技术是合肥高新区发展的重点之一，园区拥有良好的产业发展基础。云计算、物联网、5G 等新一代信息技术在安全生产、社会安全、防灾减灾、公共卫生等领域广泛应用，提升灾害监测、事故预警、应急响应等能力，为提高安全生产水平提供技术和产业支撑。目前，高新区涉及监测预警类产品的规模以上企业共 71 家。

在社会安全事件监测预警领域，以城市公共安全、网络与信息系统安全为主。安徽省、合肥市十分重视城市公共安全和网络与信息系统安全产业的发展，省政府和合肥市政府先后将其列为重点培育发展的战略性新兴产业，予以重点支持。合肥市成立了合肥公共安全产业创新集群建设领导小组，制定了产业发展规划，设立了规模 2.5 亿元的公共安全产业创业投资基金，联合中电 38 所、中国科学技术大学、中国科学院合肥物质科学研究院等建立了合肥公共安全技术研究院，为产业发展提供政策、资金、人才和技术支撑。2011 年，合肥市被科技部授予国家"火炬"计划合肥公共安全信息技术特色产业基地，合肥公共安全技术研究院被中组部认定为国家海外高层次人才创新创业基地。在城市公共安全监测预警产品方向，重点企业包括四创电子、汉高信息、科大国创、清新互联等，产品包括城市视频监控系统、智慧公安产品、智慧安全检查站等；在网络与信息系统安全监测预警产品方向，重点企业包括新华三、润东通信、中能电力等，产品包括网络安全防火墙、安管一体机等。

在事故灾难监测预警领域，以交通安全监测预警、火灾监测预警为主。在交通安全监测预警方向，合肥高新区聚集了以赛为智能、科大讯飞、科力信息、正茂科技、百诚慧通等为代表的知名企业，产品包括智能交通管控平台、交通信号控制系统、道路安全预警系统、测速仪等；在火灾监测预警方向，重点企业包括中涣防务、芯核防务等，产品包括动力电池（箱）火灾防控产品、公交车易燃挥发物检测告警装置、公共汽车固定客舱灭火系统等。

在自然灾害监测预警领域，以气象灾害监测预警、森林草原灾害监测预警为主。在气象灾害监测预警方向，重点企业包括安徽省交通控股集团有限公司、交通规划设计院、四创电子等，产品包括气象雷达、雷电探测预警系统、监测预警系统设计施工等；在森林草原灾害监测预警方向，重点企业包括南瑞继远电网、英睿系统等，产品包括防山火在线监测装置、智能双目摄像机等。

二、立足于先进制造业的快速发展，构建以安全防护为特色的产业集群

先进制造业是科技创新的主阵地，是未来世界经济发展的主导力量。合肥高新区重视制造业高质量发展，并不断推动安全防护类装备的推广应用，在专用安全生产装备和安全材料方面发展迅速。目前，合肥高新区涉及安全防护类产品的规模以上企业共 65 家。

在专用安全生产装备领域，正在形成多元化的产业集聚态势。合肥高新区专用安全生产装备企业林立，涉及众多方向。在安防专用安全生产装备方向，知名企业包括三联交通、协创物联网、博微太赫兹、国创云网、英睿系统等，代表产品包括车载记录仪、人体安检系统、高清智能布控球等；在车辆专用安全生产装备方向，知名企业包括同智机电、爱德夏、阳光电动力、科威尔电源等，代表产品包括红外夜视辅助驾驶系统、车辆迫停系统、碰撞防护系统、刹车盘、保险杠等；在电工电器专用安全生产装备方向，知名企业包括阳光储能、一天电气、一天电能、徽电科技、元贞电力等，代表产品包括过电压保护系统、储能系统、锂电池等；在矿山专用安全生产装备方向，知名企业包括工大高科、海明科技等，代表产品包括矿用轨道运输监控系统、煤矿人员管理系统、矿

井轨道电机车无人驾驶系统等；在石油和化工专用安全生产装备方面，知名企业包括容知日新、合肥新沪等，代表产品包括化工无泄漏屏蔽电泵、无线监测系统等。

在安全材料领域，着重构建独具特色的安全应急产业链上游企业集群。高新区围绕特色安全应急产业发展对于上游原材料的需求，充分发挥龙头企业的引领作用，近年来在安全材料领域取得较快的发展。在防火阻燃材料方向，企业以国内行业龙头会通新材料为代表，产品主要包括阻燃 PP、阻燃 ABS 材料、阻燃 PC、阻燃尼龙、阻燃聚酯等；在隔热材料方向，以 3M 材料为代表；在绝缘材料方向，知名企业包括国风塑业、麦斯韦舜捷等，产品包括电工膜、成套开关、快速断路器与快速切换装置等。

三、以救灾需求为引导，推动应急救援处置类企业加速发展

合肥高新区依据综合防灾减灾战略和地区产业发展特点，推进现场保障、生命救护等应急救援处置装备的标准化、模块化、特色化发展，提高应急响应能力。目前，合肥高新区涉及应急救援处置类产品的规模以上企业共 30 家。

在现场保障领域，以应急动力能源、应急通信与指挥产品为代表。在应急动力能源方向，重点企业包括阳光电源、博微智能、科大智能、中科海奥等，产品以 EPS 应急电源、便携式移动电源、储能装置、充电桩为代表；在应急通信与指挥产品方向，重点企业包括华东（安徽）电子工程研究所、四创电子、科大智能、移瑞通信等，产品以应急指挥系统、卫星、雷达为代表。

在生命救护领域，以紧急医疗救护产品为代表。重点企业包括同路生物、安科生物、雅美娜、博微田村、深蓝医疗等，产品主要分为医疗装备和生物医药两类。其中，医疗装备以家用制氧机、医疗变压器、脉冲紫外线杀菌设备等为代表，生物医药以重组人干扰素、新型冠状病毒检测试剂盒等为代表。

四、以评估、检测为突破点，建设我国中部地区安全应急服务集群

依托合肥高新区内良好的产业发展基础和环境，大力推动评估咨询、检测认证等安全应急服务产业，引导安全应急企业在装备产品开发的基础上提供服务方案，探索"产品+服务"等应用新模式，构建各类市场主体多方共赢的生态体系。目前，合肥高新区涉及安全应急服务类产品的规模以上企业共 50 家。

在评估咨询领域，包括安全工程设计及监理、安全风险评估评价、管理与技术咨询等。在安全工程设计及监理方向，重点企业包括安徽省交通控股集团有限公司、交通规划设计院、水利水电勘测设计院、东华工程、合肥康达等，主要提供工程设计与咨询、监理服务、火灾报警系统工程服务等；在安全风险评估评价方向，重点企业包括通用机械研究院、综合交通研究院、水利水电勘测设计院、金联地矿等，主要提供地质灾害评估、洪水灾害风险评估等；在管理与技术咨询方向，重点企业包括城市云数据中心、水利水电勘测设计院、环宇公路、博纳西亚等，主要提供应急预案、风险点危险源管理服务、云计算+服务、工程咨询服务等。

在检测认证领域，以安全检测为代表。重点企业包括继远软件、水利水电勘测设计院、通用机电、通用机械研究院、继远检验等，主要提供电力设施监测软件开发及检测、工程项目安全数据检测及测绘以及其他检测服务。

第十九章

营口高新技术产业开发区

第一节 园区概况

营口高新技术产业开发区（以下简称"营口高新区"）2010年9月26日经国务院批准，成为国家高新技术产业开发区。营口高新区位居辽宁省营口市主城区西部，三面环水，是主城区唯一既可观河又可看海的区域。营口高新区是辽宁沿海经济带和沈阳经济区的重要节点，交通十分便利，辽河特大桥横跨南北，1443千米滨海大道贯穿全境，距离营口港鲅鱼圈港区和盘锦港区各40千米，具有得天独厚的海陆输运优势。2014年7月，工业和信息化部、原国家安全监管总局联合发文，将营口高新区中国北方安全（应急）智能装备产业园批准为国家安全产业示范园区创建单位；2022年12月1日，经工业和信息化部、国家发展改革委、科技部联合命名为国家安全应急产业示范基地，现为我国8家国家安全应急产业示范基地之一。

营口高新区坚持"双管齐下"，通过创新引领、智能赋能推进安全应急产业发展壮大，安全应急产业特色鲜明、保障有力。作为我国5家专业类国家安全应急产业示范基地之一，营口高新区以安全防护类产品为产业特色，形成了以安全材料产业、汽保设备产业、智能化安全装备制造产业三大领域为主的安全应急产业格局。营口高新区安全应急产业链完善，企业研发能力和产业带动作用强，产品种类丰富、技术水平先进、市场影响力强。

第二节 园区特色

一、重点领域产品覆盖面广

营口高新区安全应急产业重点领域产品种类丰富。一是在安全材料领域，营口高新区各细分领域企业在行业中均具有技术水平达国际先进水平、行业市场占有率较高、具备一定规模效益的特点。在防火阻燃材料领域，营口忠旺铝业有限公司生产的氧化铝防火材料远销海外。在隔热材料方面，营口地区从 20 世纪 80 年代开始研发生产玻璃纤维和矿物纤维及其制品，为东北地区主要生产基地，产品市场占有率高且稳定。在耐高温材料领域，耐火砖等产品常用于金属冶炼炉等高温场景，镁质耐火材料是国内四大产业基地之一，高新技术产品和出口创汇居省内首位，与韩国、日本、俄罗斯和德国开展技术交流合作，近年来获得部级科技进步奖、国际先进技术产品几十项。辽宁耐驰尔科技有限公司生产的菱镁耐火砖、锆、钛合金材料等，能够满足航空航天等高温环境下的特殊需求。其中，在绝缘材料领域，营口绝缘材料产业与玻璃纤维、玄武岩纤维、菱镁等产业密切配合，其生产的线缆可用于电力工程、化工、矿用等专业领域。二是营口高新区汽保设备产业规模较大、产业链齐备，产业包含了汽车零部件、汽保设备、汽车诊断设备、汽车线束（安全气囊、限速装置）车辆检测器等几十种产品。从 20 世纪 70 年代开始，营口高新区进行汽车零部件和汽保设备研发生产，逐步形成了我国最早的汽保设备研发、生产制造基地，现已形成检测诊断设备类、举升系列设备类、重型车修理设备类、轮胎拆装系列设备类、钣金整形喷漆设备类等 15 大系列 200 余个产品体系，其中，车轮动平衡仪、四轮定位仪、轮胎拆装机和举升机等系列产品成为营口汽保行业的主导产品。中意泰达、光明科技、大力汽保、通达汽保等龙头汽保企业已然成为享誉全国乃至世界的知名汽保企业。

二、产业支持政策不断完善

辽宁省各级政府高度重视安全应急产业发展，发布多项支持政策。

一是省级层面，辽宁省早在 2015 年便发布了《辽宁省人民政府办公厅印发贯彻落实国务院办公厅关于加快应急产业发展的意见重点工作分工方案的通知》（辽政办函〔2015〕8 号），对如何加快应急产业（安全应急产业的前身之一）高效发展进行了安排。2021 年，辽宁省人民政府办公厅发布了《辽宁省"十四五"应急体系发展规划》，明确提出要壮大安全应急产业，优化产业结构、加强政府引导，加快发展安全应急服务业，推动安全应急产业高质量发展，并要求中国北方安全（应急）智能装备产业园积极开展安全应急产业示范工程建设。2022 年 1 月，辽宁省安全生产委员会发布了《辽宁省"十四五"安全生产规划》，明确提出要加快安全应急产业培育，动员全社会广泛参与安全应急产业建设，发展特色鲜明的安全应急产业基地。二是营口高新区多措并举支持安全应急产业发展。营口高新区提交了《关于"营口市创建国家安全装备产业示范园工作领导小组"调整为"中国北方安全（应急）智能装备产业园建设工作领导小组"的请示》，提出建立以营口市政府副秘书长、营口高新区管委会主任为组长，管委会副主任为副组长，各部门领导为成员的工作领导小组。这份文件获得了营口市政府的批准。在规划方面，《营口市安全（应急）智能装备产业发展规划》和《营口高新技术产业开发区国民经济第十四个五年规划和二〇三五年远景目标纲要》提出，将安全应急产业作为主导产业加以发展，并结合应用区块链、人工智能、云计算和大数据、物联网等新技术，加快区内安全应急产业转型升级。此外，营口高新区印发了《关于印发〈营口高新技术产业开发区产业扶持政策（2019 年）〉的通知》《营口高新区创新发展基金管理办法（修订版）》等文件，为安全应急产业发展提供资金支持。在集聚发展方面，《营口高新技术产业开发区国民经济第十四个五年规划和二〇三五年远景目标纲要》提出，按照"强化规划引领—明确产业定位—实施重大项目—推进产业链式聚集—打造产业集群"的发展思路与模式，引导以安全应急为主的主导产业领域上下游关联企业集聚和合作。

三、"科研机构＋园区＋企业"产学研用一体化创新模式全面推进

营口高新区不断推进园区企业与国内外大院大所的合作与交流，构

建了"科研机构+园区+企业"的产学研用一体化合作框架。一是营口高新区先后和北京科技大学等十余所国内知名大学、科研单位签订发展安全应急产业的战略合作协议，为安全应急产业发展营造良好氛围。二是骨干企业结合产业产品创新需要，建立"院士工作站"或"博士后工作站"，推动安全应急产品创新。三是建设了营口安全产业技术研究院、大连理工大学营口研究院、大连理工大学（营口）新材料研究中心、辽宁大学营口城市研究院、沈阳工业大学营口研究院等产学研平台。目前，营口高新区有多家省级研发机构、市级研发机构，研发投入占销售收入的比重、安全应急产业领域有效发明专利数均处于高位水平。

四、三区叠加为园区开展对外贸易提供优质环境

营口高新区已形成了中国（辽宁）自由贸易试验区营口片区、营口国家级高新区、营口综合保税区"三区"叠加态势，通过创新管理体制机制，实施三区"三块牌子、一套人马"的一体化管理模式，从而实现政策环境的"三区叠加"。同时，营口高新区在东北跨境商品集散加工中心，区域性国际物流中心"两中心"、国际海铁空联运大通道的重要枢纽"一枢纽"、智能安全（应急）装备制造基地、环保新材料产业基地、日韩创新合作产业基地的基础上，加快推进安全应急产业及细分行业开放、融合发展。通过建设"自贸一号"产业园区搭建产业创新平台，营口高新区为安全应急企业提供知识图谱、技术图谱、产业图谱、产业发展趋势等全方面支持，从而吸引龙头企业和配套企业集聚，大力发展安全应急特色优势产业。营口高新区紧抓"双循环"发展思路，加快构建以国内大循环为主体、国内国际双循环相互促进的新发展格局，努力提升安全应急产业的区域保障能力，以培育具有较强国内、国际竞争力的企业集群为方向，加快培育产业转型升级新动能，促进安全应急产业高质量发展。

第二十章

济宁高新技术产业开发区

第一节　园区概况

　　济宁高新技术产业开发区（以下简称"济宁高新区"）创建于 1992 年 5 月，2010 年经国务院批准升级为国家级高新区，是国家科技创新服务体系、创新型产业集群、战略性新兴产业知识产权集群管理、科技创业孵化链条试点高新区及省级人才管理改革试验区、山东省科技金融试点高新区。2017 年 1 月，经工业和信息化部与原国家安全监管总局批准，济宁高新区成为我国第四家国家安全产业示范园区创建单位。其后，随着济宁高新区各产业规模的扩大，济宁高新区管委会提出了"一区十园"体制机制改革策略，将安全装备产业园作为街道属地园区之一进行管理，以推进安全应急产业融合创新发展。2020 年 4 月 17 日，济宁高新区在国家新型工业化产业示范基地发展质量评价中，连续 2 年被评为五星级示范基地，装备制造（工程机械）产业示范基地建设成效显著，有效带动了区内安全应急产业、应急救援细分行业快速发展。

　　自成为国家安全产业示范园区创建单位以来，济宁高新区安全应急产业规模稳步提升。在应急救援处置领域，拥有山推股份、小松挖掘机、巴斯夫浩珂、辰欣药业、英特力光通信、安立消防等行业龙头企业，拥有山东省科学院激光研究所、济宁华为大数据中心等科研平台。济宁高新区以安全装备产业园为核心，以信息技术为动力，大力推进安全应急产业转型升级。安全装备产业园建于 2017 年 9 月，位于黄屯镇驻地。目前仅在安全装备产业园内，已有浩珂科技、鲁抗医药、莱尼电气、天虹纺织、友一机械等企业入驻，涉及智能制造、高端制剂、现代服务业、环保产业、民生工程等领域。

作为山东省唯一的信息技术产业示范基地的济宁高新区又占据首批山东省三个大数据产业集聚区的优势，在工业制造智能化升级上势必占据领先之位。

第二节　园区特色

一、打造全链条推动产业集聚

山东省拥有完善的工业和制造业体系，在联合国公布的 41 个工业大类中，是全国唯一实现全覆盖的省份，产业链完整度居全国之首。济宁高新区安全应急产业呈现明显的集聚态势，企业间通过成本合作和资源共享不断完善产业链条，产业集聚度不断提升。一些行业的领军企业通过自身发展赢得了行业认可，形成了品牌效应，并带动了整个产业链的发展。例如，济南市长清计算机应用公司作为全国燃气报警器行业的龙头企业，规划建设了"ROBOT 应急产业园"，引进和合资合作项目达将近 40 个。巴斯夫浩珂矿业化学（中国）有限公司生产的安全用高分子化学材料在全国市场占有率居首位，是国内最大的矿用安全材料生产基地，产品用于煤岩体加固、顶板充填、地下工程堵水、防灭火、瓦斯治理、采空区充填等领域。浩珂科技有限公司致力于矿用高强聚酯纤维柔性网和土工合成材料的研发、生产和服务，在矿用非金属材料领域领先制定了 4 项国家安全标准，先后两次获得国家科技进步奖二等奖，市场占有率达 80%。

二、产学研深度融合促进发展

济宁高新区遵循"政府引导、企业自主自愿、合作互助、自主发展"的原则，采取多种措施，致力于促进各领域内产学研合作对接，积极推动安全应急产业的发展。高新区参与举办了全省范围的安全应急产业合作交流会，其中包括了 2020 年 10 月在山东省泰安市举办的应急装备展览会和应急产业发展论坛，有超过 400 家企业参展，涵盖了智能技术、应急通信、消防救援、地震和地质灾害救援、危险化学品救援等十大类、数千个品种。现场和意向成交额达到 16 亿元，建立了应急装备研发、展示、贸易等一体化平台。另外，2021 年 10 月在山东省济南市举办了安全应急产业博览会，200 多家相关企业参展，通过一系列会展的成功举办，促进了安全应急产业集聚，推动促进了产学研对接、产需对接、产融对接大好局面。济宁高新区大学园是高新区完善产学研基地功能，培养储备人才的重要工程，主要通过联合办学、共建人才实训基地和公共研发平台，坚持产学研相结合、学历教育与技能实训相结合，超前谋划人力资源布局，以专业化、技能型人才加速推动产业链升级、价值链攀升。济宁高新区大学园与复旦大学、山东大学等高校签订了战略合作协议，共建人才培养教育平台。

三、重视数字化转型初见成效

济宁高新区将紧紧抓住国家加快安全应急产业发展、实施制造强国战略、推进"互联网+"行动、山东省打造西部经济隆起带的发展机遇，以经济社会发展对安全应急装备和服务的需求为导向，以科技创新、深化改革开放为动力，以增强安全应急产业创新能力为中心，以加快新一代信息技术与安全应急装备制造业、互联网技术与安全应急服务业的深度融合为主线，以推进智能安全应急装备制造和"互联网+安全服务"为重点，充分发挥济宁高新区的产业服务平台优势，拓展应急救援装备研发制造能力，着力做大安全应急装备制造，做强安全信息服务，打造安全应急装备和安全应急服务双引擎，推动济宁高新区安全应急产业持续健康发展，争创具有济宁特色的国家安全应急产业示范基地，努力把安全应急产业培育为全市重点战略性新兴产业。济宁高新区积极探索数字赋能制造业的有效路径，着力开展生产线智能化改造。例如，山推工程机械股份有限公司启动履带板热处理曲线搬迁及自动化改造等项目，华为山东（济宁）大数据中心承担智慧交通、智慧警务、电商服务等大数据应用中各项数据的分析和存储工作，可面向山东省提供驻地云、公有云、混合云等服务，满足山东及周边支柱产业和战略性新兴产业发展需求，助力传统产业提档升级和经济结构转型调整，目前已陆续开始承接本地市直部门单位的云业务，包括统计、规划、国土、卫生、交通、公安等市直部门单位，已达到 36 家。

第二十一章

曾都经济开发区

第一节　园区概况

随州市曾都经济开发区（以下简称"曾都经开区"）是省级开发区，规划面积 17.98 平方公里。曾都经开区于 2015 年获批成为我国首批"国家安全应急产业示范基地"之一，2022 年再次获批成为"国家安全应急产业示范基地"。近年来在国家和地方政策的大力支持下，曾都经开区实现了跨越式发展。园区以应急专用汽车、应急医药制造、应急救灾篷布、应急鼓风机等为核心产业，形成了完整的产业链和产业集群，成为全国安全应急产业的重要增长极。曾都经开区借助湖北省"一芯两带三区"发展战略机遇和随州市"中国专用汽车之都"的雄厚产业基础，积极打造发展质量高、供给能力强的安全应急产业内核。曾都经开区全面对接区域发展战略，积极融入汽车产业链，专用汽车产量在全国占据一席之地。随着安全应急产业基地的建设步伐加快，曾都经开区安全应急产业示范效应凸显，以专用汽车等为核心的安全应急产业体系日益完善。为继续推动产业发展，随州市协助曾都经开区策划实施了一批投资额达数十亿元的重大项目，为曾都经开区安全应急产业的未来发展描绘了一幅宏伟蓝图。

曾都经开区已经形成了以应急专用车为主导，应急医疗、应急材料等多个安全应急产业细分领域互补互融协同发展的安全应急产业体系。2023 年，随州拥有安全应急关联企业 240 余家，可生产移动应急装备种类 200 余种，安全应急产业年产值近 600 亿元，拥有楚胜、齐星等 9 件中国驰名商标，形成了从研发、生产到销售的完整产业链。在应急专用车领域，曾都经开区拥有应急专用车资质企业 81 家，专用车年产量达 25 万辆，全国市场份额占比超过 15%。在应急物资领域，曾都经开区应急篷布远销 40 多个国家和地区，年产总量达 2 亿平方米，占全国市场份额 30% 以上。

曾都经开区不仅在企业数量和产品种类等安全应急广度建设中取得了显著成就，而且在企业发展质量和安全应急保障能力等安全应急深度建设中也表现出色。区内企业程力专汽被认定为"全省特种车辆应急动员保障中心"，其生产的医监医保车为"神舟十二号"航天员返航提供了重要的医护保障。江南专汽开发的 A 类泡沫消防车、登高平台救援消防车等车型，成功打破了国外市场的垄断，实现了国产替代，提升了国内消防装备的技术水平和市场竞争力。江威智能研发的全国最大折臂吊，具备强大的起重能力，可在救援现场发挥重要作用。湖北博利特种汽车装备公司更是创新性地研制出高空灭火系留无人机消防车，该车型通过智能化控制技术，集成了无人机、系留电源、管缆卷盘、自动收放系统等，有效作业高度超出传统消防车高空灭火极限 50 米，可持续 10 小时不间断灭火作业，填补了国内同类产品多项技术空白。

曾都经开区不仅在产品技术创新上成绩斐然，而且在国内外应急救援实践中也展现了高效的能力。2023 年 3 月，国际人道救援及灾后重建研讨会在随州市曾都区召开，会议复盘了土耳其与叙利亚地震救援工作，为国际救援工作提供了宝贵的经验和教训。在国内，面对 2023 年 7 月至 8 月间北京房山、河北涿州等地发生的罕见暴雨洪涝灾害，曾都经开区迅速响应，组织安全应急装备企业建立联合救援队，第一时间赶赴灾区。救援队携带着湖北宏宇专用汽车有限公司生产的大排量抢险排涝车等先进应急装备，全力参与应急救援、排涝清淤工作，累计排涝量超过 43 万方。宏宇专汽的排涝车以其最大排水量 4000 立方米/小时、扬程 22 米的优异性能，有效解决了灾区排涝难题，受到了应急管理部的通报表彰。

第二节　园区特色

一、政策支持保障安全应急产业集聚成链发展

各级政府高度支持安全应急产业发展。在省级层面，湖北省印发了《湖北省应急体系"十四五"规划》，要求扶持安全应急产业发展，推动随州、赤壁国家安全应急产业示范基地建设，大力发展应急专用车、应急桥梁装备、应急交通工程装备、消防救援装备、航空应急救援和水域救援装备产业，打造湖北省应急装备制造的特色品牌。此外，湖北省还要求制定公共场所、基础设施、重大工程的应急设备设施配备标准和政府购买安全应急服务的具体措施，要求充分利用省级首台（套）重大技术装备补贴政策，加快制定家庭购置应急产品和服务的鼓励引导政策，支持安全应急技术、产品和服务推广交流活动，完善安全应急产业投融资机制，探索设立地方安全应急产业基金。随州市则专门成立了安全应急产业发展领导小组，出台了《随州市应急管理体系建设"十四五"规划》《随州应急产业发展规划》《随州市应急产业基地建设实施方案》等，以专用汽车、新材料、生物医药、电子信息四大产业为主要支撑，以制造业与服务业融合、产城融合、两化融合为主要方向，以随县、随州高新区、曾都区、广水市为核心阵地，多产业共参与，加快龙头企业培育和产业品牌创建，全力打造国家级优质安全应急产业示范基地及华中应急救援服务保障中心。

二、创新驱动凸显产业集群示范作用

在推动高质量发展进程中，曾都经开区以创新驱动为核心，着力打造安全应急产业集群，加快产业转型升级。曾都经开区以省智能制造试点示范项目申报为契机，引导重汽华威、金龙集团等企业率先开展智能化改造，齐星车身、泰晶电子等多家企业获评"湖北省智能制造试点示范"，引领汽车产业链自动化与智能化转型升级。曾都经开区龙头企业不断加大研发投入，专利成果丰硕，在专用车领域获得专利三百余项，多家企业参与国家标准制定，并培育了一批国家级专精特新"小巨人"

企业，如润力专汽、江南专汽、三峰透平等，以及 41 家省级细分领域"隐形冠军"企业，如齐星车身、程力专汽、重汽华威等，彰显了区域特种车辆产业集群在安全应急领域的行业影响力。在校企合作方面，随州市带领曾都经开区开展产学研合作，与华中科技大学，中南财经政法大学、武汉理工大学等大专院校建立了一批市校合作平台；与华中科技大学、武汉理工大学合作组建了湖北省专用汽车研究院、随州武汉理工大学工业研究院等多个安全应急产业合作平台，其中工业研究院已与 2 名国家专家合作推动项目近 20 个，建立了博士后科研工作站 3 家、博士后创新基地 14 家；曾都区联合武汉理工大学教授团队创立了湖北应急产业技术研究院有限公司，为安全应急产业发展、科技成果转化和企业孵化打造了服务平台，被列为湖北省"新型研发机构"试点，该平台已储存定向在研应急产品 9 个，包括应急通信指挥车、应急抢险车、危险品倒罐车、机场除冰车、高空救援车、应急救援数据平台等。

三、链式布局打造产业发展新动能

曾都经开区以链式布局为发展战略，积极打造产业发展新动能。近年来，曾都经开区通过结构调整、项目推进和产能扩张，不断完善和延伸产业链，提升价值链。混改嫁接策略取得了显著成效，吸引了包括中国中车、东风汽车等在内的多家央企国企投资布局。此外，曾都经开区还积极发展关联产业，如锂动力电池材料、车载电子装备等，推动安全应急装备、医药、材料和通信四大板块的协同发展。在产业链补短板方面，曾都经开区取得了显著进展，氢燃料电池商用车资质、新能源专用车底盘生产线等实现了零的突破。

随州市加快产业链服务平台建设，为曾都经开区安全应急产业的发展打开了新局面。在推动产业高质量发展的过程中，曾都经开区紧紧抓住省委打造新时代九州通衢的战略机遇，主动融入物流"地网"、数字化"天网"、供应链"金网"和服务贸易"商网"建设，促进人流、物流、资金流、信息流的高效联通，实现要素资源配置效率最优化和效益最大化。随州市以供应链思维推动企业分散渠道的高效整合，探索建立鄂北区域安全应急装备供应链，推动安全应急产业链的提档升级。同时，随州市积极谋划建设湖北交投随州物流园，打造原材料综合加工配送中心，积极建设安全应急产业博览中心、钢铁物流园等，并与长江汽车产业供应链合作设立数智化服务型供应链平台，降低采购成本。此外，随州市还大力发展供应链金融，推动专用车融资租赁平台的运营，并积极开拓出口市场，加快新疆霍尔果斯随州专汽展销中心的落地，实现了专汽出口数量的翻番。

第二十二章

长沙高新技术产业开发区

第一节　园区概况

长沙高新技术产业开发区（以下简称"长沙高新区"）位于长沙市西部城区、湘江西岸、岳麓山风景区的北侧，创建于 1988 年 10 月，1991 年 3 月经国务院批准成为全国首批国家级高新技术产业开发区，并于 2009 年由科技部批准为国家创新型科技园区试点园区。截至 2022 年，长沙高新区拥有高新技术企业 2500 余家，已形成了电子信息、先进制造、生物医药、新材料、新能源、环保产业及服务外包等支柱产业。拥有中联重科、九芝堂、梦洁、蓝猫、隆平等多个享誉国内外的驰名商标。先后建立了国家级的软件基地、新材料转化及产业化基地、先进制造技术产业基地等。在 2022 年工业和信息化部、国家发展改革委、科技部联合公布的第一批国家安全应急产业示范基地名单中，长沙高新区名列其中，成为湖南省唯一的全国安全应急产业示范基地。

长沙高新区致力于打造全国领先、中部第一的安全应急产业基地。近年来，长沙高新区通过加大项目招商、高端人才引进、创新创业力度，初步形成了安全应急产业集群品牌。同时，不断扩大安全应急产业发展投资基金，鼓励多元资本进入，并且与国际国内知名企业和机构合作，搭建了多种多样的交流平台。当前，长沙高新区安全应急产业形成了以应急救援处置类装备为主导，同时覆盖工程抢险装备、生命搜索与营救装备、反恐防暴处置装备、应急通信与应急指挥、灾害监测预警等领域的产业布局，聚集了中联重科、景嘉微电子、威胜信息、力合科技等应急领域上市龙头企业，培育了继善高科、华诺星空、金码测控、中森通信、基石通信、华时捷等安全应急领域高成长性企业，产品已覆盖全球180个国家和地区。其基于全国乃至全球先进的"工程抢险装备"制造基础，在探测搜救、北斗导航、应急通信等新兴产业领域，已形成"工程抢险+探测搜救"为特色的优势产业链。作为长沙市安全应急产业主要聚集区，园区占长沙安全应急产业产值80%以上。在2022年，基地安全应急产业领域内企业销售收入已实现296.62亿元，同比增长12%，涉及安全应急产业的企业总数突破290家，其中规上企业数量86家，安全应急领域国家级创新平台9家、省级创新平台28家，年研发投入占比超4.5%，有效发明专利占比为31%。

第二节　园区特色

一、重视规划引导，多措并举推进安全应急产业发展

湖南省及长沙市发布多项政策和措施支持长沙高新区发展安全应急产业。一是重视顶层设计。湖南省发布了《湖南省"十四五"应急体系建设规划》，提出了优化安全应急产业结构、推动安全应急产业集聚、推进实施自然灾害防治技术装备现代化工程等多项举措促进安全应急产业发展。长沙市发布《长沙市"十四五"应急管理和安全生产规划（2021—2025）》，提出要大力推进应急产业发展，推动安全与应急装备（含特种装备）产业发展。二是开展"揭榜挂帅"，推进安全应急装备研制攻关。2020年，湖南省在全国率先探索开展自然灾害防治技术装备重点任务工程化攻关"揭榜挂帅"工作，采取"竞争机制+后补助+前期预付"组合拳的形式支持企业开展一批重大自然灾害防治技术装备攻关。湖南省工信厅于2021年安排启动资金2000万元，支持了22个重大技术装备"揭榜挂帅"攻关项目；2022年又安排启动资金1500万元新支持10个自然灾害防治技术装备重点任务"揭榜挂帅"工程化攻关项目，拉动项目投资2亿元，有望再次填补一批防灾减灾救灾技术装备空白。三是强化产需对接，推进政企合作。为推进安全应急产业供需

双方交流合作，湖南省分别于 2020 年 6 月和 12 月，针对工程机械、北斗监测预警技术装备等优势领域，组织工信、应急、消防、水利、自然资源等 10 余个省直部门和省内 20 多家企业，先后举办了两场供需对接活动，采用会议交流、现场考察、观摩演示等多种形式，增进了解，推动合作。

二、突出创新引领，研制先进安全应急装备

长沙高新区发挥在先进装备制造业领域的优势，于细分领域引导园区企业持续在安全应急产业领域加强自主研发创新。例如工程抢险领域，园区企业中联重科凭借强大的先进装备制造研发能力，攻克技术难关，破解各类抢险难题，先后研制出全球最高的 113 米登高平台消防车、全球首款森林隔离带开辟车、应急架桥车、34 米曲臂云梯消防车等引领行业发展的诸多产品。其中，多用途森林防火隔离带开辟车可在穿越火线时高效锯切树木、粉碎枝干，开辟出隔离带。应急架桥车是目前国内最长的单跨折叠式架桥车，在城市桥梁或道路因洪灾、泥石流、地震等灾害损毁时，能迅速搭建一座长 25 米、宽 3.2 米的临时桥梁，确保人员、装备和物资快速通过，通载能力达 30 吨。34 米曲臂云梯消防车成功突破诸多技术壁垒，可成功解决"救援最后一米难"的问题，大幅提升救援效率。盈峰环境研制的除雪车可用于雨雪天气，能够对道路转弯、陡坡、人行通道进行高速扫雪、高速推雪、固体撒布、预湿撒布等机械扫雪和推雪工作，积雪除净率高达 90%以上，保障环形路和公共组团进出口区域的道路通畅。华诺星空自主研发的机载生命探测雷达、三维穿墙成像雷达等设备，都属于国内首创。

三、加强产品推广应用，打造安全应急标杆项目

长沙高新区支持科技创新场景应用，为科技创新企业的新产品、新技术、新服务、新应用创造可落地的应用场景，不断加强产品推广应用，打造安全应急技术应用标杆项目。例如在探测救护方面，长沙高新区北斗微芯已在全国 20 余个省份建立地质灾害、轨道交通、水利水电、工程建设等领域的高精度位置服务技术项目标杆工程。湖南分布在 14 个

市州的 1170 处地质灾害隐患普适性监测预警项目，北斗微芯市场份额达 57%。2020 年 7 月 6 日，常德市石门县南北镇潘坪村雷家山发生大型山体滑坡，由于北斗微芯监测系统提前预警，当地转移安置群众 6 户 20 人，实现了零伤亡，被自然资源部列入 2020 年度全国地质灾害成功避险十大案例。同时，北斗微芯建设北斗地灾监测预警系统和应急指挥中心项目，是国内首个同期启动近百个隐患点的地灾监测项目、首个县域范围的北斗地质灾害监测预警项目、首个引入智能地质灾害监测预警模型的地灾监测项目，在地质灾害监测预警领域均属于历史性的突破。

第二十三章

德阳经济技术开发区联合德阳高新技术产业开发区

第一节　园区概况

德阳市位于四川盆地成都平原东北部，南靠成都，北接绵阳，东壤遂宁，西邻阿坝。境内地形地貌多样，气候差异较大。按地形分，有高山、中山、低山、丘陵、平原。呈西北至东南的蚕形。地势西北高，东南低。德阳市经济发展良好，地区生产总值 2018 年迈入"两千亿俱乐部"，2020 年达到 2404.1 亿元，稳居四川省第一方阵。税收收入多年居全省第 2，五年财政净上缴 150 余亿元以上，是全省除成都外唯一净上缴市。德阳市工业制造实力雄厚，工业门类较为齐全，制造业是德阳高质量发展的基石和命脉。德阳拥有中国重大技术装备制造业基地、国家首批新型工业化产业示范基地、国家工业资源综合利用基地和国家中药现代化生产基地、中德工业城市联盟成员城市、联合国清洁技术与新能源装备制造业国际示范市等金字招牌，因此素享"重装之都"之美称。德阳市重装制造的雄厚实力和资源、相关专业人才储备为其安全应急产业的发展奠定了重要基础并提供了优势条件，因此德阳市也成为了四川省发展安全应急产业的桥头堡。

2017 年，德阳市获批成为第二批国家应急产业示范基地，成为四川首个入选城市。2022 年，德阳经济技术开发区（以下简称"德阳经开区"）联合德阳高新技术产业开发区（以下简称"德阳高新区"）经工业和信息化部、科技部、国家发展和改革委员会三部门评选为"国家安全应急产业示范基地",成为西南地区唯一入选的一家。德阳经开区依托国机重装、四川宏华、东方电气等企业,在核电、风电、水电、钢铁、大型锅炉等大型装备领域和关键基础设施检测、监测预警、预防防护以及救援处置方面形成了应急产品体系。德阳高新区以油气装备、通用航空、生物医药三大产业为基础,建设以石油钻井平台及其专业应急救援为主体、以低空和通用航空应急救援与服务为主体、以医药和生物医学及其涉及医疗救援为主体的应急产业。为提高德阳全市防灾减灾救灾和重大突发公共事件处置保障能力提供保障,一方面,德阳经开区将继续建设国家级关键基础设施检测、感知预警和安全应急救援处置产业带,打造西部安全应急产业研发与检测中心,另一方面,德阳高新区将进一步完善西部低空救援安全应急服务产业带,重点发展低空救援与安全应急服务体系,探索构建安全应急科技服务特色小镇。

第二节 园区特色

一、产业基础扎实稳固

德阳市围绕应急救援装备,积淀了深厚的技术实力和服务经验,在国家重大技术装备国产化的进程中发挥了不可替代的重要作用,具有很强的大型应急装备研发和制造能力,产业基础扎实稳固。德阳市安全应急产业重点企业较多,现有规模以上安全应急产业企业 53 家,其中安全防护类企业 24 家,应急救援处置类企业 26 家,监测预警类企业 2 家,监测预警类企业 1 家。具体来看,德阳经开区的应急装备制造方面,拥有国机重装、中国二重等多家企业,在核电、风电、水电、火电、船用、钢铁、大型锅炉等大型装备领域和关键基础设施检测、监测预警、预防防护以及救援处置方面形成了自我保护的应急产品体系。德阳市安全应急产品种类丰富,拥有多家涉及国家安全、关系国民经济的企业,具有大型应急装备研发和制造、医药物资生产和研发能力,应急产品涵盖应急重型装备生产制造、应急物资仓储物流、应急保障物资生产、应急保障服务等方面。德阳市安全应急产业配套体系完善。市本级和各区(市、

县）均建有救灾物资储备仓库，共 7 个；在多灾、易发灾害乡镇设立了救灾物资储备点，共 8 个。实现了以市级救灾物资储备仓库为中心、各县（市、区）救灾物资储备库为骨干、重点乡镇（村）物资储备点为补充的救灾物资储备网络体系。德阳高新区的油气装备、通用航空、生物医药三大产业基础方面，油气装备产业以钻探装备为特色，形成了以宏华石油、宝石机械等龙头企业为引领，精控阀门等近 300 家关联企业共生发展的中国最大的油气装备制造产业集群，通用航空产业以西林凤腾为首，开展医疗救护、维修服务、应急救援等通用航空业务，以凌峰航空、新川航空为首，为军工企业和通用飞机制造提供优质装备，成为西南地区中小飞机起落架研制生产基地；生物医药产业以传统医药企业为骨干，新型生化企业为支撑建设产业集群，现有依科制药、源基制药、泰华堂等医药企业 32 家，"中药现代化科技产业示范基地"初具规模。德阳经开区的核电安全应急，从产品供应、安装、维修等领域均建立了快速应急抢险机制；核电站分布式状态监测与智能故障诊断系统、汽轮机安全监测及保护系统；重大电力（火电、水电、核电、风电等）的检测、监测预警和危机诊断系统以及应急供电保障系统、油气田开采及应急抢险装备技术、航空飞行器技术居世界领先水平。桥梁隧道工程技术、爆破抢通、新能源等多个领域突飞猛进，数家企业近期承担或参与了多项"863 计划""973 计划"等国家重大科技项目。

二、产业集群效应显著

德阳市充分发挥德阳经开区应急装备制造和德阳高新区"3 大集群产业+应急产业"优势，致力于打造具有西部特色的安全应急产业集群，逐渐形成以应急救援装备制造、低空应急救援、医疗救援为核心的多元化防灾减灾安全应急产业集群。同时，德阳市充分发挥现有资源优势，突出发展三个应急产业带和搭建一个国际合作平台，以德阳经开区为依托，建设关键基础设施安全应急装备与服务产业带；以德阳高新区—广汉市—什邡市为依托，建设西部低空救援安全应急服务产业带；以汉旺—穿心店地震遗址保护区为依托，建设国际安全应急文化产业带；以汉旺论坛为依托，打造安全应急产业国际交流与合作平台。这种"3+1"模式使德阳市逐渐形成创新驱动、高端引领、带动周边，辐射我国西部与南亚发展中国家以及"一带一路"国家和地区的安全应急产业发展格局。

三、技术创新能力突出

技术创新是德阳安全应急产业高质量发展的核心动力。研发机构方面，截至 2020 年，安全应急产业方面省级以上研发机构 12 个，其中国家级实验室 4 个。专利方面，截至 2020 年，德阳市安全应急产业相关专利 300 余个。人才培养方面，德阳科贸职业学院于 2019 年成立了应急管理学院，其中职教部开设专业有"应急管理与减灾技术""建筑消防技术专业（五年制）""应急救援技术（五年制）"；应急管理学院高职层次开设有"建筑消防技术""应急救援技术""智能安防运营管理"三个专业，已建成集实践教学、社会培训、消防技术服务于一体的高水平职业教育实训基地——消防安全实训基地、消防安全培训中心、消防教育科普体验馆等。产学研用方面，德阳市已搭建五个平台，建立了有效链接，并与中国科学院、中物院、电子科大、西南交大、上海交大、北京化工大学、西南石油大学、重庆大学、西南科技大学等全国 30 余所高校院所建立了产学研合作关系。公共服务平台方面，已建成省级中小企业公共服务示范平台 2 个，分别是德阳中小企业服务有限公司（德阳市中小企业综合服务平台）、德阳中科先进制造创新育成中心，为企业提供技术咨询、推广应用、知识产权交易等公益服务。市级中小企业公共服务示范平台 1 个，德阳智造工程技术有限公司（德阳高端装备智能制造创新中心），提供技术咨询、推广应用、创新创业等公共服务。

四、社会发展环境良好

德阳市安全应急产业的壮大具有稳定的经营平台，能够促进企业的持续成长和创新。在产业管理机构方面，德阳市国家应急产业示范基地建设工作领导小组办公室定期组织实施一批应急产业创新专项工作，支持龙头企业和行业领军企业围绕安全应急产业共性需求和关键技术开展研发创新，对成效显著的企业予以重点扶持。在产业功能区方面，德阳市已建成国家级产业功能区 2 个、省级产业功能区 6 个、市级产业功

能区 4 个，形成了梯度布局、错位发展的"10+2"产业发展格局。全市功能区相继荣获国家首批新型工业产业化示范基地、全国首批产业集群区域品牌试点地区、国家高端装备制造业标准化试点、国家循环化改造示范试点园区、国家"大中小企业融通型"双创升级园区等 10 余个国家级称号。在专项政策方面，2020 年德阳市政府印发《德阳市支持国家应急产业示范基地建设的若干政策》，加快推动国家应急产业示范基地建设。该政策总体分为鼓励企业入驻、强化企业服务、增加创新能力、强化人才支撑四个方面。具体为鼓励应急产业企业入驻（支持企业入驻应急产业带、鼓励企业租赁购买标准厂房、鼓励企业加大投资力度），促进应急产品和服务推广应用（积极开拓国际市场、强化本地企业支持、鼓励企业融资上市、培育产业骨干力量），增强应急产业创新能力（加大校企科研合作力度、鼓励企业申报项目资金支持、支持企业实施知识产权战略、支持企业关键技术成果产业化），强化应急产业人才支撑（加大产业领军人才引进力度、支持企业开展职工职业技能培训）。在财政支持方面，2018 年，安排中国（成都）应急装备与技术展德阳形象展费用 84 万元；2019 年，安排德阳市经信局召开 2019 年四川省应急产业供需对接大会暨配套对接活动经费 309 万元；安排市级资金 50 万元专项用于安全应急工作方面；安排上级安全生产专项资金 100 万元，用于应急救援保障能力建设；安排上级安全生产目标管理奖励资金 15 万元，同时配套市级资金 15 万元，用于对在安全生产方面做出成绩的奖励。

五、持续推进高质量发展

德阳拥有国机重装（中国二重）、东方电机、东方汽轮机、剑南春、什邡烟厂等头部企业，自主研发了 8 万吨模锻压机、"华龙一号"3 吨核电机组、50MW 重型燃机等一批"国之重器"。在工业经济指标方面，2020 年，全市规模以上工业企业 1280 家，实现工业总产值 3660 亿元、工业增加值 1020 亿元、工业税收 153 亿元，科研经费投入强度（R＆D）达 2.9%，上述指标常年居全省第二。营业收入达 10 亿元以上企业 31 家，达 50 亿元以上企业 7 家，其中上百亿元企业 2 家（剑南春、国机重装）。全市企业税收 100 万元以上企业共 820 家，其中上亿元企业 6

家。在智能化改造方面，加快推进优势产业智能化改造和数字化转型，全面开展智能制造诊断服务，加快装备制造标识解析节点建设，着力构建"综合型+行业级+企业级"工业互联网平台体系，大力创建国家"5G+工业互联网"先导区。打造了一批典型应用场景和智能制造标杆企业。编制了数字经济发展规划（2020—2025）、制定了促进数字经济发展10条政策措施。在品牌建设方面，德阳共有制造业单项冠军企业1家，国家专精特新"小巨人"企业6家，省级"十三五"专精特新企业152家，省级高新技术行业"小巨人"企业17家。安全应急方面21家国家、省级知名品牌企业。国家级驰名商标企业6家。在企业产品方面，全德阳市参与制定国家标准、行业标准、团体标准共111项。其中，四川宏华石油设备有限公司、二重（德阳）重型装备有限公司等安全应急产业企业，参与制定国家标准40项、行业标准19项、团体标准4项。在服务型制造业方面，积极组织开展规上企业及具有服务型制造特色的中小微企业调研，掌握德阳市生产性服务业发展状况。印发了《德阳市先进制造业和现代服务业深度融合发展专项行动方案》，为两业融合发展提供路径和方向。积极开展"服务型制造进园区""创客四川·创享制造（走进德阳）""四川国际电子商务博览会"等活动，为生产性服务业提供交流和发展平台。

企业篇

第二十四章

杭州海康威视数字技术股份有限公司

第一节 企业概况

一、企业基本情况

杭州海康威视数字技术股份有限公司（以下简称"海康威视"）成立于2001年，公司定位是以视频为核心的智能物联网解决方案和大数据服务提供商，在安防、智能物联领域耕耘已有二十余年。

公司成立初期，以研发、生产、销售视音频压缩板卡、数字视频录像机为主。2007年，公司首次推出了面向安防领域的前端摄像机产品，并在随后的两年内以打造行业一体化解决方案为主要目标逐步进行转型。2010年，海康威视在深交所挂牌上市，并在2011年成为全球视频监控市场的龙头企业，市场占有率第一。海康威视持续创新，从2012年起开始探索研发以深度学习为主的人工智能技术，2015年正式推出基于深度学习技术的视频结构化服务器及车辆分析服务器等人工智能产品，进入智能化时代。2017年，海康威视发布AI云架构，包含"边缘节点、边缘域、云中心"三层架构，以"云边融合"的理念，提出将传统信息化、设备设施物联、场景智能物联融于一体的数字化解决方案，海康威视逐步从视频监控厂商转型为智能物联网产品和解决方案供应商。公司多年蝉联视频监控行业全球第一，并不断增加拓展新业务。2019年，推出了物信融合数据平台，为多个行业提供大数据汇聚、治理和挖掘服务。2021年，海康威视专注"智能物联AIOT"，形成了物联感知、人工智能、大数据技术体系，支撑产品发展、业务落地。同年，面向智慧城市领域，构建了融合感知平台、数据平台和应用平台的数智底座，支撑城市各类智慧业务开发。多年来，海康威视逐步构建和完善 AIoT 技术体系，推出和完善相关产品与解决方案，为拓展更多业务空间奠定了基础。

在 2023 年年报中，海康威视表示已初步完成智能物联（AIoT）战略的转型。对于安防业务，公司通过增加非可见光探测器产品线或融合多种探测器的产品线，提升在安防行业的竞争力。对于公司 AIoT 战略的场景数字化业务方向，特别是企业场景数字化，公司已经陆续推出了一些产品线，正在成为 OT（Operational Technology）厂商。

过去二十年，海康威视通过持续技术创新，打造有竞争力的产品，在市场需求和技术创新的双轮驱动下，成长为全球安防龙头，为 150 多个国家和地区的客户提供产品和服务。

在智能物联领域，海康威视进行了长期的技术布局，从电磁波可见光频段的感知技术，陆续扩展到厘米波、毫米波、远红外、中波红外、短波红外、紫外、X 光波段等感知技术，也扩展到次声波、声波、超声波波段的感知技术，并融合 AI 技术，逐步构建和完善 AIoT 技术体系，推出和完善相关产品与解决方案。

在人工智能领域，海康威视在 2006 年组建了算法团队布局人工智能技术。经过多年的持续投入和研发创新，在人工智能领域建立了深厚积累。并创新推出了海康威视观澜大模型，更好助力实现人工智能的落地实践。观澜大模型具备模态数据丰富、行业能力专业、部署性价比高、应用灵活高效等优势。

在场景数字化业务方向，海康威视在现有 3 万多种型号的硬件产品基础上，针对数字化转型的典型应用需求，研发出了系列创新、智能的数字化新产品，广泛应用于能源冶金、快递物流、商贸零售、建材化工、生态环保等领域，为企业生产管理、政府公共服务、公众生活的数字化转型升级提供帮助。

二、财政收入

2023 年，海康威视营收 893.40 亿元，同比增长 7.42%，归属上市公司股东净利润 141.08 亿元，同比增长 9.89%。其中，境内主业营收 468.10 亿元，占总营收 52.40%；境外主业营收 239.77 亿元，占总营收 26.84%，创新业务营收 185.53 亿元，占总营收 20.77%。

海康威视 2019—2023 年财政收入情况，见表 24-1。

表 24-1　海康威视 2019—2023 年财政收入情况

年　份	营业收入情况		净利润情况	
	营业收入（亿元）	增长率（%）	净利润（亿元）	增长率（%）
2019	577	15.69	124	9.36
2020	635	10.05	134	8.06
2021	814	28.19	168	25.37
2022	831	2.09	128	-23.81
2023	893	7.46	141	10.16

数据来源：企业年报，2024.05。

第二节　代表产品和服务

海康威视深挖应急管理行业需求，聚焦在监测预警、监督管理、应急指挥等业务领域，依托物联网、云计算、大数据、人工智能等技术，提供大应急、大安全、全灾种应急管理行业解决方案。

1. 城市内涝监测与应急场景化解决方案

城市内涝灾害防治关系人民生命财产安全，为切实增强抵御和应对汛期灾害的能力，实现以防为主、防抗救相结合，构建城市内涝监测与应急场景化解决方案。建设思路如下：

全域感知：构建前端风险感知网络体系，汇聚区域易涝点实时水雨情监测数据，实现汛期风险点位的全天候监测。

精准预警：综合短临降雨、噪声前端感知数据，构建风险点水位、雨量等气象预测预警模型，实现城市内涝积水风险分级预警、研判和处置。

处置闭环：依托综合分析研判，辅助现场人员疏散、救灾物资和灾害现场应急管理等，降低灾害对人民生命财产的安全威胁。

应用场景的应用包含如下：

水雨情监测：支持对接水利、气象、城管等部门水文监测站、视频站等监测站数据，针对未覆盖的易灾点通过新建水雨情监测设备对重点区域水位、雨量进行实时监测，并能够快速联动需要重点关注的视频点位，为水灾防御提供数据和图像参考。

广播及预警提示：广播及预警提示系统由 IP 广播子系统和信息发布子系统组成。当下立交（涵洞）、地下隧道、易积水道路等易涝点出现降雨，水、雨情监测系统检测到有积水时，可通过信息发布系统将实时水位信息发布到前端预警显示屏，及时提醒过往行人和车辆注意防范。预警信息可以在进行广播提醒的同时支持远程喊话指挥。

应急处置研判：基于 GIS 地图分类分图层综合展示城市内涝关注业务信息，汇聚城市易涝点、前端监测感知、气象信息、承灾体等多类关键数据形成内涝专题图层，实现对城市内涝风险综合分析研判、预警信息精准发布、突发事件全流程闭环管理，并结合城市内涝易发高发点、区域进行多维度统计分析并生成分析报告，为城市内涝防范工作提供支撑。

2. 露天矿山滑坡监测监管解决方案

针对非煤矿山安全监管监察信息化系统，实现非煤矿山全维度数据采集与安全风险监测预警。建设 AI 视频智能辅助监管监察系统，实现风险隐患早期识别和智能分析，督促非煤矿山企业防范化解重大安全风险。典型场景主要为坍塌监测和滑坡监测。系统的核心应用主要如下：

AR 全景监管：海康鹰眼结合 AR 全景技术，联动重点部位视频画面，360 度对露天矿进行 24 小时监管。

重点监管：针对露天矿高陡边坡、排土场护坡等重点区域进行实时画面监管，协助监管人员管理露天矿重大风险。

位移监测：GNSS 球机实现边坡位移变化毫米级监测，通过视频联动复核现场实际情况，辅助工作人员进行远程视频巡查。

3. 化工园区安全风险智能化管控平台解决方案

化工园区安全风险智能化管控平台总体架构分为边缘层、网络层、支撑层、应用层四个层次，提供风险监测、安全监管、统计分析和应急处置等方面的支撑，提升化工园区安全风险管控能力。系统的功能包含如下：

安全基础管理：包括建立园区基础信息库、入园/驻园第三方单位基本信息管理以及执法计划、执法内容记录、执法文书下发等执法信息管理。

重大危险源安全管理：提供在线监测预警、重大风险管控以及重大危险源企业分类监管功能。

双重预防机制：通过查询企业风险分级管控清单和隐患排查清单，对重大隐患进行挂牌督办。通过对风险、隐患的统计分析，帮助园区管委会用户对企业双重预防机制建设运行成效进行评估。

封闭化管理：通过园区出入口闸机、周界、道路卡口、门禁等设备，实现化工作园区人车出入管控，确保区域安全风险有效隔离，防范外来输入风险。

敏捷应急：通过值班值守、事件接报、综合分析研判、指挥调度、协同会商、应急预案及指挥演练等功能，落实企业与政府间的应急联动，辅助园区管委会用户进行快速、精准、科学响应。

第二十五章

徐工集团工程机械股份有限公司

第一节 企业概况

一、企业基本情况

徐州工程机械集团有限公司（以下简称"徐工集团"）成立于1989年，总部位于江苏省徐州经济技术开发区，公司自成立以来始终保持着我国工程机械行业排头兵的地位。徐工集团前身为1943年建立的华兴铁工厂，1989年整合一批企业组建成立国内工程机械行业的首家集团公司，是中国工程机械产业的奠基者、开创者和引领者。徐工集团始终秉持"担大任、行大道、成大器"的核心发展理念，努力打造成为全球信赖、具有独特价值创造力的世界级企业。徐工集团在营业收入、市场份额等主要指标上始终位居中国工程机械行业第1名，蝉联全球第三大工程机械制造商，连续五年位列"世界品牌500强"行列。

徐工集团业务范围包括工程机械、矿山机械、农业机械、应急救援装备、环卫机械和商用汽车、现代服务业等。公司始终把技术创新放在第一位，拥有有效授权专利8500多项，其中发明专利1756项，PCT国际专利56项，创造了"全球第一吊""神州第一挖"等100多项国产首台套产品和重大装备、近千项关键核心技术。徐工集团在起重机械领域稳居全球第一，道路机械、桩工机械、混凝土机械、高空作业平台等跻身全球前列，10多类主机和关键零部件的市场占有率达到全国第一。

徐工集团在世界范围内建立了300余个海外网点为用户提供营销

服务，产品销售网络覆盖"一带一路"共建国家95%以上，产品销往190多个国家和地区，年出口额突破40亿美元，是我国工程机械行业具有全球竞争力、影响力的千亿级龙头企业。徐工集团正坚定向产业高端化、智能化、绿色化、服务化、国际化转型升级，加快建设世界一流现代化企业，攀登全球装备制造产业珠峰。

二、财政收入

2023年，面临着内外部环境的种种不确定性，徐工集团秉承高质量发展目标，持续巩固发展基础、激发发展动能。根据年报数据显示，2023年营业收入为928.48亿元，同比下降1.03%，在营业收入上保持相对稳定；与此同时，在其他指标上达成了新的突破，净利润53.26亿元，同比增长23.51%，毛利率达到22.38%，提升2.17个百分点，经营性现金流达35.71亿元，增长125.59%，实现毛利率和销售净利率双提升、应收账款大类和库存双压降。公司净资产收益率达到8.13%，在国内工程机械几大领头企业中拔得头筹。此外，从业务发展层面来看，公司战略新兴产业收入贡献度超过20%，新能源收入贡献度为10%；国际化收入贡献度大于40%，达到了历史新高。

徐工集团2021—2023年财政情况，见表25-1。

表25-1　徐工集团2021—2023年财政情况

年　份	营业收入情况		净利润情况	
	营业收入（亿元）	增长率（%）	净利润（亿元）	增长率（%）
2021	1167.96	57.90	82.08	120.12
2022	938.17	-19.67	43.12	-47.47
2023	928.48	-1.03	53.26	23.52

数据来源：赛迪智库整理，2024.05。

（注：表25-1中2021—2022年徐工集团营业收入和净利润波动较大，经笔者查询后发现2022年徐工集团吸收合并了其原控股股东徐工有限，并在2022年及之后的年度报告中对2021年数据进行了追溯调整，由此出现表中结果）

第二节　代表产品和服务

一、主营业务

徐工集团主营业务集中在工程机械制造领域，根据相关行业统计，工程机械涵盖铲土运输机械、挖掘机械、起重机械、工业车辆、路面施工与养护机械等 21 大类，其应用领域广泛，在基础设施建设、房地产开发、大型工程、抢险救灾、交通运输、自然资源采掘等各个领域都发挥着重要作用。徐工集团在众多产品种类上都取得了领先优势，其中汽车起重机、随车起重机、压路机等 16 类主机排名国内行业第一；起重机械、移动式起重机、水平定向钻持续保持全球第一，桩工机械、混凝土机械稳居全球第一阵营，道路机械、随车起重机、塔式起重机保持全球第三，高空作业平台进位至全球第三，矿山露天挖运设备保持全球第五，挖掘机排名全球第六，国内第二，装载机进位至全球第二，国内第一。目前来看，工程机械行业主要呈现高端化、智能化、绿色化、服务化、国际化的"五化"特点，徐工集团在这一趋势下大力打造工程机械现代化产业体系，加快推动智改数转网联变革，并坚定不移地推动创新体系和国际化运营体系变革。

二、重点产品

在国家安全应急产业政策的引导和支持下，伴随着社会对应急救援产品和服务日益增长的迫切需求，徐工集团积极探索出了一条从研发、试验、制造到试点应用、销售的集"产学研用"于一体的应急救援装备产业化道路。徐工集团研发的应急救援相关产品如表 25-2 所示。

表 25-2　徐工集团研发的应急救援相关产品

适用场景	产品类型	产品介绍
城市高层救援	举高类消防车	针对高层建筑、石油及化工装置等高大设施的火灾，研制了登高平台消防车、云梯消防车和举高喷射消防车。该类消防车配备直臂、曲臂、直曲臂等多种臂架和工作斗、云梯、消防炮、破拆装置等多种作业装置，能够实现高空人员救助、消防灭火和破拆救援

适用场景	产品类型	产品介绍
工业火灾救援	专勤灭火类消防车	针对乡镇、城市、石化、危化品和液体流淌火灾，研发泡沫消防车、城市主战消防车、水罐消防车等专勤灭火类消防车，配备水、泡沫、干粉或消防沙等灭火材料，通过水炮或抛撒装置进行远距离灭火
	消防灭火机器人	是一种可举高进行灭火作业的机器人，通过远程遥控控制机器人驶向火场、举升臂架、喷射灭火等消防作业，适用于道路的老旧小区、仓储厂房、特高压变电站、石油化工等救援人员无法近距离扑救的高风险火灾救援
地质灾害救援	步履式挖掘机	针对重大地质灾害造成道路受阻等救援难题，研发了步履式挖掘机，具备模块化及遥控功能
	特种挖掘机	针对地震、洪水等地质灾害造成的河道损毁、淤积、房屋坍塌等场景，研发了打桩挖掘机、水陆两栖液压挖掘机、长臂挖掘机、拆楼机等
	抢险救援车	针对损毁的道路、桥梁快速评估、抢修、抢建、抢通和保通等各种救援难题，研发出抢险救援消防车、挖掘抽吸车、桥梁检测车等。挖掘抽吸车可抽吸砖瓦、石块、土块和污泥等多种物料，实现无损开挖，避免机械开挖导致的电缆或管道损坏，适用于城市地下管线检修与维护保养
	多功能抢险救援车	针对地震、塌方、泥石流等地质灾害，研发了高机动、多功能应急救援消防车，其配置四驱越野底盘和多功能作业臂，可快速切换多种作业机具，集挖、破、抓、剪、切、吊、清障于一体。同时配置升降照明灯、绞盘、发电机等装置，能够快速应对多种救援工况
	高速工程机械	针对地震、塌方、泥石流等地质灾害，研发了高速轮式多用工程车、高速橡胶履带推土机、高速轮式装载机、高速轮式推土机、高速轮式挖掘机。无须板车转运，可以闻令即动，响应迅速，组织高效
	电力应急救援装备	针对带电抢修场景，研发了伸缩式绝缘斗臂车、混合式绝缘斗臂车、履带式绝缘斗臂车、低压绝缘斗臂车。针对灾区电力恢复建设开发了电缆敷设车、钻吊一体车、轮履开挖立杆车，实现机械化电缆敷设、挖坑立杆、钻孔吊装等施工，快速恢复电力供应
	起重设备	针对倒塌建筑物吊运和大型救援装备起吊、安装等场景，开发了系列轮式起重机。针对各种复杂恶劣环境下高空作业需求，开发系列伸缩臂叉装机。能够适应各种路面的工作环境，即使在斜坡和野外坑洼路面等恶劣环境下也可以实现速度动力效率

续表

适用场景	产品类型	产 品 介 绍
地质灾害救援	土方设备	针对事故灾害救援中的道路清障、沟槽开挖、道路压实以及装载、货叉、侧卸等场景等，分别开发了湿地推土机、压路机和装载机
城市内涝救援	排水抢险装备	针对城市立交桥、地下停车场、地铁站等复杂环境排涝问题，研发了排水机器人、垂直式供排水抢险车、子母式大流量排水抢险车和泵组式大流量排水抢险车
深井矿山救援	矿山救援装备	突破了大通径、高埋深钻进，精准灵活高效破拆等技术，研发出救援车载钻机、悬臂掘进机、凿岩台车等装备。能够快速打通生命通道，提供水、食物等救援物资
冰雪灾害救援	除雪设备	以"雪停路净"为令，针对城市、公路、机场等路面严寒时节除冰雪工作需要，提供清除大中小雪、压实雪、薄冰、厚冰专用车辆及设备，包括多功能综合除雪车、超大吨位抛雪机和融雪剂撒布机
	破冰机	针对路面压实雪或硬冰，研发了碾压式破冰机、组合式破冰机，通过碾压破冰、刮板清除等多种联合作业，有效清除 50mm 压实雪或 10mm 薄冰，保障通行安全
交通事故救援	道路事故救援装备	针对道路事故救援，研发了护栏型抢修车、托吊型清障车、平板型清障车及防撞缓冲车
森林消防救援	森林消防救援装备	针对森林草原火灾"打早、打小"的防灭火要求，研发出了隔离带开辟机器人、全地形器材车以及无人机消防车等，有效应对山地、丛林等复杂地形的救援需要

数据来源：赛迪智库整理，2024.05。

此外，徐工集团于 2023 年再次取得一系列重大产品突破，包括全球最大吨位的 XCA4000 全地面起重机、绿牌混合动力 XCA300L8-HEV 全地面起重机、"全球第一高" DG101 登高平台消防车、全球最大吨位 XC988-EV 纯电动装载机、首创大容量电池三桥刚性 DR80TE 新能源矿车等，实现了多项核心技术攻关，在工程机械行业产生了颠覆性的影响。

第二十六章

新兴际华集团有限公司

第一节　企业概况

一、企业基本情况

新兴际华集团有限公司（以下简称"新兴际华集团"）是国务院国资委监管的中央企业，是集资产管理、资本运营和生产经营于一体的大型国有独资公司。集团总部位于北京CBD财富金融中心。

新兴际华集团聚焦冶金、轻纺、装备、应急、医药五大主业，资产经营管理、现代供应链物流、现代商业服务三大专业化领域，以及一个产业投资平台。主要产品及业务包括离心球墨铸铁管及管件、钢格板、钢材、特种钢管、制造用钢、工程机械、纺织品、服装、皮革皮鞋、橡胶制品、特种和专用车辆、油料器材、装具、医药以及商贸服务等。

新兴际华集团系国家级创新型企业。拥有综合实力和技术水平位居世界前茅、产量销量居于世界前列的球墨铸铁管生产研发基地，国内领先的钢格板、高端纺织品生产研发基地，拥有世界领先的后勤军需品、职业装、职业鞋靴生产研发基地，具有军需装备出口权，是兼具应急和医药双主业的中央企业。集团拥有国家级企业技术中心、军需品检验中心、博士后工作站。"新兴"和"际华"两大自主品牌均跻身亚洲品牌五百强。

新兴际华集团是首批董事会试点中央企业和首批国企深化改革试点单位。采取"战略管控+财务管控"的管控模式，实行三级法人体制。

目前，新兴际华集团所属二级公司包括：新兴铸管股份有限公司、际华集团股份有限公司、新兴际华医药控股有限公司、新兴际华应急产业有限公司、新兴际华资产经营管理有限公司、新兴际华投资有限公司、中新联进出口有限公司、新兴际华资本控股有限公司、新兴重工集团有限公司、新兴际华科技发展有限公司、新兴际华集团财务有限公司。集团目前拥有新兴铸管（000778.SZ）、际华集团（601718.SH）、海南海药（000566.SZ）三家上市公司。集团所属百余家成员企业遍布于全国 30 个省（区、市）和加拿大、印度、印度尼西亚、赞比亚、韩国、沙特等国家，其中 30 余家为国家大一、二型企业。

二、财政收入

新兴际华集团有限公司 2023 年财政情况，如表 26-1 所示。

表 26-1　新兴际华集团有限公司 2023 年财政情况

业务板块	营业收入（亿元）	营业成本（亿元）	毛利率（%）	收入占比（%）
冶金铸造	423.10	396.47	6.29	51.52
轻工服装	111.80	96.73	13.48	13.61
机械装备/应急装备	26.51	23.51	11.31	3.23
医药	20.64	13.88	32.75	2.51
其他	239.18	219.66	8.16	29.13
合计	821.23	750.25	8.64	100

数据来源：公司年报，2024.05。

第二节　代表产品和服务

一、主营业务

在安全应急装备领域，公司以智能网联为核心抓手，加快推动无人机、机器人、智能装备、云控平台 4 类平台，应用于 9 大领域场景，重点推进 36 种装备系列，拓展百余种智能安全应急装备产品，打造涵盖海陆空全域应急、满足"大安全、大应急"需求的"14936"智能安全应急装备体系。空地协同大载荷系留无人机起飞重量、作业高度、喷射距离、续航时间、抗风等级等各项指标达到国内领先、世界先进水平，通过 CNAS 认证检验即将商品化。地震滑坡堰塞湖智能勘测预警装备，有效解决水下情况不明、溢坝预测不准、应急救援不及时等痛点问题。多功能云梯主战消防车首创"双臂架结构"。

二、重点产品

空地协同大载荷系留无人机开创性地将无人机应用到消防救援领域，在高原、低温、低压等恶劣条件下运行稳定，开创了我国无人机救援领域的新高度。在技术创新方面，一是整套系统集成技术国内领先，实现空地协同灭火救援，具备应急通信、侦检、照明等模块化换装功能，形成功能多样、安全可靠的空地协同综合消防系统；二是装备智能化程度达世界先进，采用两席六屏智能指控舱进行全自主协同控制，具备运输指控平台一键展收、无人机自主车载起降与全向避障、灭火机器人自动驾驶与火情追踪等功能，实现火点自主识别和精准灭火的功能；三是装备各项指标处国内领先，装备采用全球领先的全功率风力发电技术，为行业树立了标杆。目前，无人机灭火装备的首项团体标准《系留无人机灭火成套装备通用技术规范》已完成立项，该标准对无人机系统灭火装备的设计、研制、生产和应用具有重要意义，下一步标准的发布将对推动救援装备创新和规范化发展，贴近行业和市场需求，破解重大瓶颈难题，切实提升应急处置能力发挥重要作用。

水域智能勘测预警装备可实现对事故水域库容、流量、水下地形等信息快速测量，快速给出溢坝时间、溃坝风险等预警信息，具有自主程度高、测量精度高、快速响应等特点，可有效解决应急处置中的水下情况不明、溢坝预测不准、应急救援不及时等问题，填补国内空白。在技术创新方面，一是装备集群控制技术国内领先，攻克复杂水域环境多装备自组网集群自主控制技术，实现无人船自主沿水体边界绕航，结合北斗卫星定位、单波束测深及激光雷达测距信息，可快速获得待测湖泊边界轮廓及水域深度信息；二是水域复杂环境可视化技术国际先进，首创复杂水域动态不规则多元异构数据实时融合算法，针对水下不明情况提

供超视距影像信息，实现多数据存储、数据融合等功能，为水域灾情预测提供全面立体信息，属国内首创；三是信息测量计算速度国内领先，基于遍历路线航迹规划技术，加入边界补偿、流量补偿、降雨量补偿，快速计算库容水量信息，同时满足静态水域和动态水域水量测量。创造性地利用无人船搭载的剖面流速测量仪（ADCP）进行横渡测量并获得流速信息，方法先进、准确高效；四是水域实时预警技术填补国内空白，可快速检测水体轮廓、库容、流量等信息，动态计算水位变化情况，估算水位上升速度，预测溢坝溃坝时间，预警精度达 95%以上，为防范化解重特大水域地质自然灾害提供关键技术支撑。新兴际华集团也将积极推进标准立项，助力水域智能勘测预警装备，高质量促进新技术和新产品应用推广。

云梯（多功能）主战消防车对高层建筑火灾进行灭火救援和人员营救起到关键作用，有效解决城市火灾中救援场地狭窄、无法多车联合作业的难题。云梯（多功能）主战消防车上设有伸缩式云梯及灭火装置，该车型具备举高灭火、救援、照明、破拆及高压细水雾等多种功能，是集抢险救援消防车、水罐泡沫消防车、举高喷射消防车三车功能于一身的城市消防救援主力车辆。该装备的双轨爬梯为行业内首创研制，同时可承载 6 人；臂架伸展到最大高度后，灭火高度可达 60 米，通过管道进行细水雾灭火高度达 100 米。同时，该装备搭配企业自主研发的智能控制系统，能够实现智能火情监控及环境感知，快速定位并救援被困人员，具备一键灭火功能，在作业安全性、操作稳定性上均达到国内领先水平。

第二十七章

北京辰安科技股份有限公司

第一节　企业概况

一、企业基本情况

北京辰安科技股份有限公司（以下简称"辰安科技"）成立于2005年，是一家由清华大学创立的高科技企业，2016年7月在深圳证券交易所上市，经校企改革后，目前辰安科技由中国电信集团投资有限公司控股。辰安科技是一家公共安全软件服务商与产品供应商，立足于公共安全和城市安全，主要从事公共安全相关的安全应急平台软件、安全应急平台装备、安防设备、移动终端、音响设备及建筑智能化系统的研发、制造、销售及相关服务，面向国内外客户提供相关产品和服务。目前，辰安科技的业务已经覆盖了国内32个省、300余个地市区县级市场，以及拉丁美洲、非洲和亚洲其他地区国家。该公司曾荣获国家科学技术进步一等奖、国家科学技术进步二等奖、2022年度中国标准创新贡献一等奖等奖项。

辰安科技致力于清华大学公共安全研究院研究成果的产业化应用，积极运用大数据、云计算、物联网、人工智能大模型、BIM、GIS等技术，研发新技术，同时充分发挥公司在数据、核心算法和平台整合方面的能力，以及积累的公共安全行业经验，向国内外用户在城市安全、应急管理等领域提供一站式解决方案与产品，向消费者终端用户提供"AI+IoT+安全"智能范式产品。2023年，辰安科技围绕核心业务积极开展自主创新，全面推进"AI+"行动，充分利用知识图谱、大模型、时空大数据等技术，结合公司多年积累的行业知识、数据与技术优势，将大模型与公共安全监测预警、辅助决策等业务相结合，研发出了公共安全行业"辰思"大模型。"辰思"大模型能够实现公共安全专业的智能问答与内容生成、事件报告生成、专业知识查询等服务，提供"辰思"智慧预案、"辰思"智慧森林草原防火、"辰思"智慧辅助决策方案、"辰思"公共安全知识、"辰思"时序数据分析等一系列服务能力，实现对应急管理的智能化辅助决策。此外，辰安科技还围绕城市安全运管服业务需求研发了"城市安全运营大模型"，实现真假警判别、报警归因分析。通过研发人工智能技术相关产品，辰安科技不断拓展多场景应用、垂直化和产业化落地，赋能核心业务。

辰安科技聚焦社会需求，积极开拓市场并取得明显成效。在城市安全方面，辰安科技以城市基础设施运行监测为抓手，深耕城市生命线安全监测市场，已经在全国数十个城市部署城市生命线安全相关项目，对 300 余座桥梁，数万公里地下管网布设了超过 25 万套前端感知设备，监测数据每天多达数百亿条，成功预警燃气泄漏、供水管网泄漏、消火栓异常、排水内涝等城市安全险情超过 1 万起。同时，辰安科技参与起草并发布了《城市运行管理服务平台数据标准》（CJ/T545—2021）、《城市运行管理服务平台技 术标准》（CJJ/T312—2021）、《城市运行管理服务平台运行监测指标及评价标准》（CJ/T552—2023）等多项行业标准。在应急管理方面，辰安科技持续拓展新业务，积极向省市、区县以及基层应急市场延伸，连续中标长春市、洛阳市、汕头市、老河口市、农安县、宝塔区等多个市县区自然灾害风险普查项目，林火卫士产品为支撑我国西南林区重点地区开展森林防灭火工作作出了重要贡献。在消费者业务方面，辰安科技以"AI+IoT+安全"智能范式，加强与中国电信的业务协同，燃气卫士产品及服务已覆盖全国 31 省 250 多地市。在海外公共安全业务方面，辰安科技根据全球市场变化趋势调整市场战略，重点关注东南亚市场，完成了澳门、东南亚、非洲、拉美等地多个项目的实施和验收。

二、财政收入

辰安科技业务定位是"软件和信息技术服务业"与"公共安全产业"的交叉领域，因此，两个产业的发展趋势对公司发展均有重要影响。从近三年辰安科技财务状况来看，2021 年企业营业收入增长率和净利润下降较多，2022 年经营情况大幅好转，营业收入和净利润有所增长，2023 年虽营业收入有所下降，但净利润同比增长较多。北京辰安科技股份有限公司近三年的财政情况见表 27-1。

表 27-1　北京辰安科技股份有限公司近三年的财政情况

年份	营业收入情况		归属上市公司股东净利润情况	
	营业收入（亿元）	增长率（%）	净利润（亿元）	增长率（%）
2021	15.39	−6.71	−1.32	−209.09
2022	23.99	55.88	0.94	171.21
2023	22.57	−5.92	1.10	17.02

数据来源：北京辰安科技股份有限公司年度报告，2024.05。

第二节　代表产品和服务

辰安科技的主要业务包括城市安全、应急管理、消费者业务、装备与消防、海外公共安全、安全文教等六大领域，其中城市安全、应急管理、海外公共安全业务以平台软件为核心、物联网智能硬件为支撑，为客户提供整体解决方案与监测云服务；消费者业务以人工智能技术融合软硬件为载体，构成"AI+IoT+安全"的范式，引领安全监管服务模式创新和安全产品产业生态拓展；装备与消防业务以具备自主核心技术的智能硬件研发与制造为主要方向。

城市安全领域，辰安科技的主要业务是以城市生命线安全运行为出发点，以城市内涝、大面积停水停气、燃气爆炸、桥梁垮塌、轨道交通事故、路面坍塌、电梯安全事故等重大安全事故预防为目标，以云计算、大数据、物联网等信息技术为支撑，通过公共安全物联网感、传、知、用的技术架构和城市生命线公共安全科技模型，建立"城市安全监测物联网+云服务"体系，预先感知风险、及时预警。城市安全业务的核心技术主要包括城市整体风险评估、城市生命线灾害链分析、桥梁监测传感器优化布设、燃气扩散分析及泄漏溯源、供水漏水报警和定位、城市内涝预警、地下空间和路面塌陷预警，以及城市综合管廊风险评估等。城市安全业务的主要产品包括城市安全运行监测中心、城市生命线工程安全运行监测系统、桥梁安全运行监测系统、供水管网安全运行监测系统、综合管廊安全运维监测系统、城市路面塌陷综合防治系统等。

应急管理领域，辰安科技的主要业务是向各级政府应急管理和行业部门提供公共安全与应急软件相关产品和服务，实现应急云上数据汇聚、云上决策分析、云上调度指挥等功能。该领域的主要产品包括应急实战指挥平台（应急指挥一张图）、应急管理一张图平台、应急指挥辅助决策系统、应急指挥综合业务系统、应急救援协调与预案演练系统、应急云调度平台、应急管理大数据平台、自然灾害综合监测预警系统、应急数据治理、数据交换与共享系统、应急态势标绘系统、应急二三维地理信息系统、水环境污染预警溯源系统、预警发布系统和基层应急云服务等。

消费者领域，辰安科技的主要业务是面向消费者终端用户提供"AI+IoT+安全"智能范式产品，同时将多年的技术积累、研发能力和场景化智能算法服务能力融合中国电信打造第五张基础网——天翼视联网的发展战略，面向自然灾害监测预警、安全生产、消防安全、城市安全、安全防护、家庭看护服务等需求，构建端、网、边、云产品体系的综合大视频解决方案，实现视频管理、算法服务、告警管理、运维管理等应用服务于 B/C/G 端客户。

装备与消防领域，辰安科技的主要业务是为政府部门、社会单位、消防部门提供消防关键环节火灾探测预警、火灾扑救、应急救援、智能安全装备的研发与制造。装备与消防相关产品和服务包括燃气安全监测传感器、可燃气体智能监测仪、管道泄漏智能检测球、桥梁安全监测传感器、图像型火灾探测器、自动跟踪定位射流灭火装置、消防咨询服务、消防安全评估、消防设施维修、消防改造服务等。

海外公共安全领域，辰安科技的主要业务是为海外国家提供国家级的公共安全软件平台和整体解决方案，包括国家级的综合接处警平台、一体化公共安全应急平台及相关软件产品与服务等。

安全文教领域，辰安科技的主要业务聚焦场馆建设和运营服务。以线上安全教育云平台、线下安全体验馆为载体，构建安全文化教育体系。面向从业人员、社会公众、专业救援队伍等对象，提供集科普教育、专业培训、实训演练于一体的服务。

第二十八章

中国航空工业集团有限公司

第一节 企业概况

中国航空工业集团有限公司（简称"航空工业"）是隶属中央管理的国有特大型企业，自 2008 年 11 月 6 日起成立，该集团是由中国航空工业第一集团、第二集团整合而成。集团的经营业务涵盖航空武器装备、军用运输类飞机、直升机、机载系统等高端制造；兼负通用航空、航空研究、飞行试验、航空供应链与军贸、专用装备、汽车零部件、资产管理、金融、工程建设等产业的经营，所管辖的企业单位有 100 余家及上市公司 25 家。航空与防务业务划分为军用航空和民用航空两大部分。军用航空涵盖了轰炸机、侦察机、歼击机、运输机、直升机、教练机、无人机等飞行器的设计、研制、生产、维修、销售以及售后服务等业务，并包括空地导弹、空空导弹等产品。民用航空业务则包括民用航空器及其发动机、机载设备与系统的设计、研制、生产、销售，以及航空器维修和民机零部件转包生产等服务。

先进制造业包括新型显示业务、新一代信息技术、应变电测业务、印制电路板业务、光电连接器业务、软件和可穿戴智能设备、信息系统业务和线缆业务、特种线缆业务、电子精密制造业务、汽车零部件业务、车载系统业务以及特种车辆业务等领域。

生产性服务业包括物流服务、国际贸易、供应链集成服务、互联网批发零售、咨询设计、工程建设、金融、酒店及文化培训、医疗健康、物业管理以及文化传媒等服务。

第二节　代表产品和服务

一、通用航空应急救援装备

民用航空和通用航空作为航空领域的重要组成部分，凭借各种大中型客货运飞机、直升机等类型的航空器，具备了满足应急救援需求的初步能力。民航中的大型飞机能够快速运送救援力量和转移受困人员，而各类通航飞机则在应急救援中发挥着灵活性和通达性更广的作用。特别是直升机能够快速抵达各类复杂作业现场，包括水域和陆地，同时能够在空中悬停，执行搜救、紧急医疗救护、物资和人员运输以及空中指挥等任务。航空工业旗下的中国飞龙通用航空有限公司已经建立了相对完善的应急救援系统，能够根据不同的应急情况，派遣适合的飞机型号，以提高救援效率，为国家提供并储备专业力量。我国研发的运 20 大型运输机、AG600 水陆两栖飞机、AC313 大型民用直升机等先进装备，它们构成了国家航空应急救援体系的核心。这些装备具备各种功能，满足了森林火灾救援、应对自然灾害、医疗救援以及近海救援等各类应急救援需求。

AC 系列民用直升机在国家应急救援体系和能力建设中扮演着重要角色，展现了航空工业作为"国家队"的形象。13 吨级、单旋翼、带尾桨的 AC313A 直升机，是由我国自主研发的大型多用途民用直升机，于 2022 年 5 月成功首飞。相比原型号，AC313A 在综合性能、寿命可靠性、复杂环境作业能力和人机工效方面有所提升，客舱有效容积增大 42%，高原地区商载提升 30%，维护成本显著降低。它采用宽机身结构，最大外吊挂起飞重量达到 13.8 吨，可搭载 2 名飞行员和 28 名乘客，符合昼夜目视飞行规则（VFR）和仪表飞行规则（IFR），可广泛应用于航空应急救援、医疗救护、物资运输、消防灭火、吊挂吊装、近海石油服务等多个领域，是国产航空应急救援装备体系的最新重要装备。

航空工业集团通过推出"吉祥鸟"AC 系列直升机，基本形成了大、中、小多吨位的产品梯队，可以满足国家航空应急救援的大部分使用需求。航空工业哈飞进一步明确了民用飞机专业化发展的新定位，利用天津区位优势和产业集群优势，加速专业化民用飞机平台建设，为航空应急救援装备的高质量发展奠定了基础。天津民用直升机研发制造一体化平台以民用飞机业务为核心，重点提升正向研发能力、预研能力和创新能力，为用户需求、技术发展和未来需求提供支持。哈飞将以天津民机平台为依托，通过不断提升 AC 系列直升机的性能，并推进新构型的研发，推动民机专业化高质量发展，使 AC 系列直升机具备多场景应急救援能力，进一步扩大其在国家应急救援中的作用。同时，航空工业哈飞还将继续开展其他吨位新机研制，完善产品谱系，为建设"全灾种、大应急"综合救援体系提供装备支持。

2023 年，在荆门进行了灭火实战的中航工业集团的 AG600M，其强大的灭火能力令人震撼。而"新舟"60 灭火机超低空满载投水试飞大获成功，为中航集团应急救援装备再上新台阶打下坚实基础。AC352 顺利通过中国民用航空局相关评审，为集团满足首批用户的需求，也为集团正常运营带来生机。AC332 直升机适航验证试飞，预示着该型号直升机的研制跨入适航验证试飞行列。

二、无人机应急救援服务

航空工业致力于满足国家重大需求，不断改进和提升无人机装备性能，持续创新大气象和大规模应急领域中无人机的应用方法，加强了无人机与有人机、无人机与无人机之间的协同应用能力，为国内民用领域提供更全面有效的解决方案。自主研发的翼龙系列无人机在应急救援中发挥了重要作用。其中，翼龙-1E 无人机是一种全复合材料多功能大型固定翼无人机，具有短距离起降、易于部署、长航时、远航程、高原起降和适应复杂环境的优势，以及更优越的经济性。该机能够根据任务需要更换不同的载荷，实现多功能应用，包括追踪、侦察和建立通信网络等。在灾害发生时，翼龙-1E 无人机可搭载多种设备，包括高清光电侦察设备、多功能雷达和通信保障设备，第一时间发现灾情并向指挥部报告，实时传回现场画面，为灾情评估和救援工作提供支持。此外，翼龙-1E 无人机还可作为空中基站，持续提供移动公网信号，确保通信畅通。翼龙系列无人机在参战的河南郑州 2021 年特大暴雨灾害、2022 年四川泸定地震以及福建 2023 年台风"杜苏芮"等灾区的成功应急救援中得到验证，不愧是应急救援的主力军。

三、应急救援标准研究制定

为了满足未来国家应急救援体系对国产直升机多样化、个性化需求的增长，航空工业通过构建航空应急救援标准体系，聚焦实战应用，以提升应急救援能力为目标，致力于拓展国产直升机在航空应急救援领域的应用，并发挥其主导作用。航空工业昌飞航空应急救援实验室一直在进行航空应急救援标准研究和制定工作。在标准制定过程中，其使用国产直升机和救援设备进行模拟使用和实战演练，将国产装备的性能、操作流程、使用方法等纳入标准，并在培训和训练中使用国产装备，以实现人—机—设备（物）的最佳配合。在技术研发、生产制造和服务保障方面，我国已成功掌握了国际先进的直升机制造技术，并积极投入生产，为应急救援提供坚实后盾，同时提供全面、及时的技术支持和维护保养，确保救援行动顺利开展。2023 年，航空工业昌飞航空应急救援实验室发布了 3 项省级地方标准，分别针对空中搜寻、物资投送和医疗转运，这些标准是基于国产 AC311A 直升机实战演练总结出来的，贴近实战，明确了作业流程、人员准入资格和安全管理要求，极大地提高了作业的规范性和安全性，在救援江西上饶灵山一名脊柱受伤的坠崖游客的实战中得到了验证。

第二十九章

福建侨龙应急装备股份有限公司

第一节　企业概况

一、企业基本情况

福建侨龙应急装备股份有限公司（以下简称"侨龙应急"）成立于2000年1月，注册资本6000万元，注册地位于福建省龙岩市，主要业务为供排水应急装备的设计、研发、生产、销售及应急救援服务等。作为国内最早采用液压驱动水泵技术的供排水应急抢险装备制造商之一，侨龙应急凭借其特色装备和强大的安全应急保障能力荣获多项荣誉，在行业内形成了优势地位。侨龙应急是工业和信息化部首批专精特新"小巨人"企业之一，是福建省科技小巨人企业以及福建省制造业单项冠军企业、国家知识产权优势企业，也是排水抢险车行业标准起草单位。

侨龙应急以持续开展自主创新为核心竞争力。在人才储备方面，侨龙应急拥有专业技术人员50余人，中高级以上职称近30人；在产学研合作方面，侨龙应急长期与中国科学院、上海交大、中国水利水电科学研究院、厦门理工、上海消防研究所等多所院校和科研机构开展深度合作，在水泵研发、数值模拟仿真、结构优化等多个关键领域开展了产学研合作，提升了产品质量和附加值。侨龙应急设有龙岩技术中心、厦门研发中心、院士专家工作站等科研平台，拥有已授权专利277项，其中包括发明专利41项，2项获得国家专利优秀奖。公司自主研发的"龙吸水"系列供排水装备，经水利部专家鉴定为"填补国内市场空白，总体技术指标及性能达到国际领先水平",产品性能先进,安全应急保障能力强。该系列产品已成功销售至全国 30 个省(市、自治区),广泛应用于城市内涝、火灾抢险等应急救援领域,获得武警、消防、石化、电力、市政、地铁、水利等的广泛应用。

作为供排水应急装备领域知名企业,侨龙应急积极参与我国安全应急产业建设。在供排水应急抢险装备和抢险服务领域,侨龙应急凭借多年的发展,已成为一个自主创新能力强、产品质量过硬、产品应用经验丰富的知名应急装备制造商。侨龙应急牵头的"龙吸水"森林消防远程供水与灭火应急救援装备应用试点示范工程和"龙吸水"排涝应急抢险救援装备应用示范试点工程,已成功入选国家第一批"安全应急装备应用试点示范工程"候选项目。侨龙应急坚持秉承产品和技术驱动的经营理念,紧抓中国安全应急产业快速发展的政策机遇,加大研发创新投入,丰富产品种类,拓展应用领域,创新业务模式。在产业定位上,侨龙应急自我定位为"先进的安全应急装备供应商、高效能应急服务提供商",并立志成为我国安全应急产业的龙头企业。

二、财政收入

侨龙应急近几年的财政情况,见表 29-1。

表 29-1　侨龙应急近几年的财政情况

年　份	营业收入情况		净利润情况	
	营业收入(亿元)	增长率(%)	净利润(万元)	增长率(%)
2020	1.59	−20.13	0.33	−34.46
2021	3.70	132.70	1.05	218.18
2022	3.78	2.16	1.06	0.95

侨龙应急作为国内应急排水抢险车行业的领军企业之一,起步之初便深耕技术研发,打造具有特色的应急排水车辆。目前,国内应急排水抢险车年需求量稳定在 1000 辆左右,而具备此类产品生产能力的公司约有 40 多家。侨龙应急与长沙迪沃科技的市场份额合计超过 50%,占据行业主导地位。2023 年国内应急排水抢险车生产企业增加了 7 家,整体销量却出现了约 30%的下降。在各类车型中,子母式排水车的销量

下降最为显著，达到了 65%，而臂架式排水车也下降了 41%。从车型吨位来看，轻型车（皮卡和 4.5 吨轻卡）的需求有所增加，而中型和重型车的销量均下降了 47%，若不计入臂架和子母车型，重型产品的降幅为 33%。据业内人士分析，尽管 2023 年应急排水抢险车的销量出现了短期下滑，但行业长期市场前景依然广阔。销量下降的部分原因在于，应急管理部在 2018 年成立后的前两年，已经完成了大部分应急装备的采购。然而，2023 年河北、东北等地区发生的洪涝灾害，以及下半年政府万亿国债的投入，都推动了前四个月企业订单数的显著增长。基于这些因素，预计 2024 年应急排水抢险车市场将迎来显著增长。

第二节　代表产品和服务

一、排涝装备

"龙吸水"系列排涝装备是侨龙应急的主要特色产品，主要分为市政领域和消防领域两大应用场景。在市政领域，产品主要包括"龙吸水"1000/1500/3000/5000 子母式排水抢险车、"龙吸水"1000/1500/3000/5000 垂直供排水抢险车、"龙吸水"1500 高空式供排水抢险车、"龙吸水"500 小履带自吸式全地形远程控制移动泵站、"龙吸水"多功能便携式皮卡电力排水车等。侨龙应急排涝装备具有两大核心亮点：一是水泵及其他结构均以液压为动力源，避免了电力驱动可能带来的安全隐患；二是操作上简便易行，具备良好的机动性和灵活性，能够迅速投入使用。侨龙应急排涝装备适用于多种场景，包括城市内涝、公路隧道、地下停车场、立交桥、城市道路（尤其是跨线桥下的积水区域）、市政井盖、农田沼泽、涵洞等低洼地区的排水工作，同时能为消防作业提供供水支持，以及作为现有消防设备的补充供水系统，应对各种复杂的环境需求。

二、大流量远程供水（灭火）系统

侨龙应急大流量远程供水（灭火）系统主要包括大流量取水子母泵车、灭火/布管加压泵车、2km 布管车等。与上海消防研究所合作研发的龙吸水大流量远程供水（灭火）系统，由三款单元车辆构成：大流量取水子母泵车、具备灭火和布管功能的加压泵车，以及 2000 米布管车。这套系统具备远程供水、抗洪排涝、灭火和快速布管等多项功能，能适应复杂环境，具有高机动性和灵活性，准备时间短，出水迅速，操作简便。全液压驱动的设计消除了触电风险。它特别适合于河岸、湖岸、桥梁等复杂场景下的消防大流量远程供水，以及农业抗旱灌溉远程供水和城市内涝抗洪等多种需求。

三、无损开挖装备

侨龙应急无损开挖设备主要为无损抽吸挖掘车。该装备主要应用在挖掘工程和环境清理中，其中挖掘工程场景主要包括树木迁移、地下管网线施工维护、轨道工程维护、救援挖掘等，环境清理场景主要包括河沟水渠清理、地下管道清理、建筑物内及屋顶清理、道路清扫（需定制）、灾后清理等。该产品有六大特点：一是全液压驱动、无损挖掘，全程不产生火花，特别适用于石油和燃气管道维修等危险环境；二是采用了双级风扇吸气系统，能够提供最大 42000 立方米/小时的流量和最大 40000 帕的真空度；三是实现了无扬尘作业，过滤系统能够实现自清洁，使作业更加环保；四是施工范围广，水平施工半径可达 120 米，垂直施工深度可达 45 米，且可通过无线电遥控器远离危害现场进行操作；五是抽吸效率高、能吸固态杂物，装备能够高效抽吸砂石、砖块和水，最大可吸起重达 90 公斤的物体；六是可选配辅助设备多，能够实现一车多用，可选辅助设备包括可燃气体检测系统、旋转挖掘装备、接地装置、吹气枪、风镐、风炮等。

四、产品配件

侨龙应急产品配件主要包括分水器、软管直接头、Y 型分水器、90度弯头、排水软管、快速接头等。主要为排涝装备、大流量远程供水（灭火）系统、无损开挖装备等主要产品提供配套配件。

五、社会化服务

侨龙应急积极发挥"龙吸水"系列供排水装备安全保障能力，积极承担企业社会责任，为我国多项自然灾害救援活动提供了应急保障。侨龙应急一直用行动践行"灾情是无声的命令，应急是我们的常态，救灾是应尽的责任"的企业价值观，在北京"7·21"特大暴雨、超强台风"天鹅""杜鹃""尼伯特""山竹""利奇马"、2020 年南方洪灾、2021 年河南郑州特大暴雨、珠海"7·15"重大透水事故、2022 年广东清远特大暴雨、2023 年台风"杜苏芮""海葵"等灾害抢险行动中发挥了重大作用；在"G20 杭州峰会""厦门'金砖'峰会""首届中国国际进口博览会"等重大活动应急保障中也积极贡献力量，获得了各级政府的多次表彰及社会各界的普遍赞誉。公司因在应急救援领域作出的突出贡献，荣获应急管理部颁发的第五届"全国 119 消防先进集体"。

第三十章

北京踏歌智行科技有限公司

第一节　企业概况

一、企业基本情况

北京踏歌智科技有限公司（以下简称"踏歌智行"）成立于 2016 年，专注于矿用车无人驾驶技术、产品研发和无人矿山整体工程化设计及实施，是国家级专精特新"小巨人"企业、国家级高新技术企业。2022 年，入选工业和信息化部等四部门的第一批"安全应急装备应用试点示范工程"。踏歌智行服务于国家"新基建"和"智慧矿山"发展战略，不断进行技术创新，以独特技术优势为先导，工程化落地能力为保障，致力于成为全球领先的无人运输解决方案及运营服务的技术提供商，提供安全、绿色、高效和经济的无人运输服务。

作为国内最早提出无人驾驶整体解决方案的优质供应商，踏歌智行推出了端-边-云架构露天矿无人驾驶运输系统，实现了由云端智能调度管理、4G/5G 车联网通信、智能路侧单元和车载智能终端组成的一整套矿山运输无人驾驶解决方案。该方案通用性强，可适配大型矿用自卸车和宽体自卸车两大矿用卡车品类，兼容多品牌多车型，同时支持无人驾驶新车型生产适配和在用车无人化升级改造。踏歌智行自主研发环境感知融合、动态路径智能规划、V2X 智能协同交互、平台智能调度、车辆高精度控制等矿山无人驾驶全套核心技术及算法，并在二十多个矿山应用。在国家能源、国家电投旗下多个矿区与鄂尔多斯永顺煤矿等实现矿卡与宽体车 24 小时无安全员常态运行。

踏歌智行作为国内首个进军矿山无人驾驶领域的企业,在业内率先实现 L4 级无人驾驶,即 7X24 无安全员运输作业,先后参与国家重点研发计划《路车智能融合控制与安全保障关键技术及应用》等国家和省部级科研项目,承建"特种车辆无人运输技术工业和信息化部重点实验室"、博士后科研工作站,并获得"中国汽车工业科学技术发明一等奖""中国工业互联网大赛智能网联汽车专业赛应用组第一名"等国家级奖项。截至 2022 年底,踏歌智行累计在手订单超过 10 亿元,智能化改造逾 300 辆矿车,在总车辆改装数、前装车辆改装数两项市场占有率中排名首位。

在技术方面,踏歌智行拥有全栈自研技术链,包括自研感知、规控、协同、云控、运维五大核心技术,能够有效应对极端自然环境、特殊路面、庞大车辆、复杂路况与生产工艺流程等矿区独有的应用场景。在产品方面,踏歌智行打造了综合性矿区无人运输系统,该系统基于车地云一体化架构,覆盖自研车规级智能硬件,能够满足"装、运、卸"全流程无人自主运行、安全员下车常态化、高效协同作业、大规模集群作业智能调度、车辆全生命周期运维、新能源技术融合等核心需求。在业务模式方面,踏歌智行将解决方案交付于无人运输运营"双轮"驱动,与头部国央企客户直接达成合作,大规模落地数十个矿区、数百辆矿用运输车,积累全矿种、多场景、多车型落地经验,复购率近 100%。在产学研资用方面,踏歌智行在产业链、技术链上集聚稀缺资源,与高校、矿企、主机厂、通信运营商、工程承包商、智能技术提供商等上下游伙伴达成战略、资本、技术层面的合作,创立了"北航-踏歌研究院",综合了产学研各方的优势,促进了企业和高校的强强联合,开启了跨行业、跨领域、跨系统的通力协作,有利于产品升级和科技创新,实现了业务的深度协同。

二、经营情况

矿山无人驾驶技术的应用可以实现生产作业由无人代替有人,实现矿山现场生产作业的本质安全,截至 2022 年 6 月,按改造车辆数,踏歌智行在无人驾驶应用终端的市场份额为 45.1%,在新车前装的市场份额为 50.2%，两项指标均名列行业第一。

第二节　代表产品和服务

一、解决方案

踏歌智行推出"车-地-云"架构，奠定了矿区无人运输解决方案的框架基础，并基于感知、规控、协同、云控、大数据全生命周期运维的技术链，搭建由车载系统、地面系统、云控平台三部分组成的"旷谷"露天矿无人运输整体解决方案。

踏歌智行露天矿无人驾驶运输解决方案"旷谷"主要由车载系统、地面系统、云控平台组成。系统以露天矿区为主要应用场景，基于车、地、云高效协同作业，为客户提供全栈式无人运输解决方案，助力露天矿区的无人化、智能化发展。具体包括：

车端无人驾驶：通过车载终端在车辆上的部署，实现车辆的无人驾驶功能，包括无人驾驶环境感知、决策规划和执行控制等核心技术。车载系统包括环境感知、高精度定位、无线通信、车载主机等车载硬件部署。该系统具备开机自检、通信监测、故障诊断、作业任务执行等功能，能够在循迹行驶过程中可实现自主的安全避障停车、绕行或骑行，保证高效作业。车载感知实现 360 度无死角，有效感知范围最远超过 100 米，稳定识别最小障碍物尺寸为 30 厘米×30 厘米，在通信、定位、制动、感知和控制等多方面进行冗余配置，保证车载系统安全运行。

地面系统：包括路侧协同系统、远程接管系统和协同作业系统。路侧协同系统可对矿区 4G/5G 蜂窝网络薄弱的区域进行网络补盲和冗余通信，且其感知功能可以对路侧周边矿区环境进行全天候检测并及时上报环境变化。路侧单元 V2I 通信有效覆盖范围 500 米，实现网络通信的冗余功能，通过冗余网络保证通信可靠性，在主网络断链接情况下，备用网络可继续承载通信业务。远程接管系统可对车辆进行远程接管，保障无人驾驶运输系统的持续作业，具有传输低延时（控制指令延时≤50ms，视频传输延时≤100ms）、操控完整（转向、制动、油门、举升、档位等）、车辆状态数据呈现全面（支持车辆全量状态参数和周围视频

显示）等特点，当无人驾驶系统发生意外故障或者运行场景超出无人驾驶系统自主处理的范围时，调度员远程应急接管无人矿用车，迅速远程遥控驾驶脱困，避免造成的运输中断。协同作业系统是为有人驾驶协同车辆及露天矿作业人员配备作业管理系统，包括车载协同终端和便携式协同终端，与无人驾驶卡车协同完成"装-运-卸"全流程运行作业。

云端云控平台：无人驾驶调度指挥平台管控露天矿无人驾驶生产运输全流程，是无人运输系统的调度中枢，承载着高精度地图、生产监控和调度指挥的核心职能，可对全矿设备进行高效调度和实时监控。同时支持私有云、公有云、本地化等部署方式，具备优良的兼容性和可扩展性。其中，云控平台运用了联合仿真系统，多维度复杂系统联合仿真，综合系统仿真测试、硬件在环仿真测试以及联合仿真技术，通过对矿区环境、实车车况、传感器等进行 1∶1 建模，对调度算法、路权控制算法、感知算法等进行逻辑验证，根据客户实际需求全方位高效测试无人驾驶系统，同时加快研发与迭代。云控平台还包括要素全面的高精地图，运用动静态地图要素分层模型，包含 20+静态要素及动态交通事件，地图更新效率高，支持可行驶区边界自动化提取、融合更新。

二、应用场景

踏歌智行露天矿无人驾驶运输解决方案应用场景主要集中在露天矿山，包括露天煤矿、露天金属矿、露天砂石矿、水泥矿等。

煤炭：服务国家级能源集团企业下属大型煤矿，如国家能源集团、国家电力投资集团、中煤能源集团等。

钢铁：在包头钢铁集团白云鄂博铁矿等铁矿打造标杆项目，包括全球首个基于 5G 的无人驾驶矿卡应用。

有色：服务紫金矿业集团、江西铜业集团等大型国营有色金属集团企业，在全球海拔最高铜矿、亚洲最大在产铜矿均有落地。

建材：以全矿纯电动宽体车无人运输运营项目为标杆，在中国建材、华润水泥等建材类矿山落地无人驾驶。

第三十一章

深圳市大疆创新科技有限公司

第一节　企业概况

　　深圳市大疆创新科技有限公司（以下简称"DJI"或"大疆"）是一家总部位于中国深圳的高科技企业，于 2006 年创立。大疆是全球领先的无人飞行器控制系统及无人机解决方案的研发商和生产商，其产品和服务遍布全球 100 多个国家。大疆的创新和产品多样化是公司的显著特点。从最初专注无人机系统，发展到多元化的产品体系，大疆在无人机、手持影像系统、机器人教育等多个领域都取得了显著成就。公司的产品线包括御 Mavic 系列、悟 Inspire 系列、晓 Spark 系列、精灵 Phantom 系列，以及灵眸 Osmo 系列和如影 Ronin 系列等。2008 年，大疆推出了首款无人机 Phantom，在消费级无人机市场上占据了重要地位。随后，公司继续推出多款创新产品，如 2013 年的 Inspire 1、2015 年的 Matrice 100、2018 年的 Mavic Air 等，这些产品广泛应用于消费、商业和工业领域。大疆在技术创新和产品升级方面一直走在行业前列，公司开发的 GPS 系统和 Lightbridge 传输系统在无人机技术发展中起到了关键作用，大大提高了无人机的操作安全性与便捷性。2020 年美国商务部以"保护美国国家安全"为由，将大疆列入所谓的"实体清单"，对公司的对美进出口进行管制，但公司在美国市场的占有率并未受此影响，反而有所增长，根据 2021 年的市场调研数据，大疆在全球无人机市场的占有率高达 77%。大疆是一家以创新为核心、以人才和合作伙伴为基础的高科技企业，通过不断的创新和产品升级，大疆在全球无人机市场中确立了领先地位，并赢得了全球市场的尊重和认可。

第二节　代表产品和服务

大疆（DJI）在安全应急领域提供了多种无人机产品和解决方案。这些产品在紧急救援、灾害监测、搜索与救援等场景中发挥着重要作用，以其卓越的性能和广泛的应用场景而备受赞誉。以下是大疆在安全应急领域的一些主要产品及其介绍。

一、经纬 M300 RTK 无人机

经纬 M300 RTK 是一款多功能的工业级无人机，它能够在恶劣的气候条件下执行任务，如大风天气。这款无人机配备了先进的飞行控制系统和强大的相机负载，使其在监测灾情、夜间巡查和快速输出模型等方面表现出色。它还可以搭载热成像相机，帮助救援人员在夜间或复杂环境中可快速定位受害者和评估灾害情况。

（一）性能特点

长续航与高效作业：经纬 M300 RTK 拥有长达 55 分钟的最长飞行时间，确保了在紧急情况下能够持续作业，提供长时间的空中支持。

精准定位与避障：配备六向定位避障功能，确保无人机在复杂环境中稳定飞行，避免与障碍物发生碰撞，保证作业安全。

高清图传与实时通信：采用 OcuSync 行业版图传系统，支持最远 15 公里的控制距离，并具备三通道 31080p 图传能力，确保数据传输的清晰度和稳定性，实现实时通信和指挥。

（二）应用场景

火灾救援：在火灾现场，经纬 M300 RTK 可搭载热成像相机，通过热成像模式快速发现火源，辅助消防人员进行火势判断和救援决策。利用其长续航能力和高清图传系统，无人机可以持续监测火场情况，为消防人员提供实时信息支持。

灾害侦查：在地震、洪涝等自然灾害发生后，经纬 M300 RTK 可以快速升空，对灾区进行全局侦查，获取灾区地形、道路、建筑物等关键信息，为救援人员提供重要参考。无人机还可以搭载高清摄像头，拍摄灾区现场照片和视频，为灾后评估提供直观的资料。

应急通信：在通信中断的情况下，经纬 M300 RTK 可以作为临时通信中继，通过其搭载的通信设备，实现灾区与外界的通信连接，确保救援指挥的畅通。

搜索与救援：在人员走失或事故现场，经纬 M300 RTK 可搭载红外热成像相机，通过热成像模式快速发现被困人员，提高搜救效率。同时，无人机还可以协助地面救援队快速搭建救援通道，为被困人员提供及时救助。

二、Mavic 3T 无人机

这款无人机专为应急救援行动设计，搭载了热成像镜头，支持点测温、区域测温、高温警报、调色盘及等温线等功能。这些功能使其能够实时监测异常过温情况，并为火势扩散提供及时预警。此外，Mavic 3T 的热成像相机和长焦相机可实现 28 倍联动变焦及连续变焦，即使在夜间也能帮助搜救人员快速寻人定位，大大提高了救援工作的精度与效率。

（一）性能特点

高效的红外及可见光联动：Mavic 3T 无人机搭载高性能的可见光及热成像相机，通过红外相机快速发现异常温度点，再通过可见光相机迅速定位火情位置。这种联动使用的方式大大提高了应急响应的速度和准确性。

超长续航与悬停能力：Mavic 3T 无人机的续航时间长达 45 分钟，悬停时间也达到 38 分钟，有效提升了作业时长和作业半径，为长时间的空中支援提供了保障。

强大的图传能力：Mavic 3T 支持最远 15 公里的图传距离，并且可以与 4G 网络共同协作。即使在图传信号被遮挡或干扰的情况下，用户也能借助 4G 网络操控飞行器，确保信号持续稳定。

便携性与快速部署：Mavic 3T 无人机体积小巧、便携性高，方便应

急人员随身携带。从开箱到起飞，只需 1 分钟内即可完成快速部署，迅速投入应急响应工作。

（二）应用场景

消防应用：Mavic 3T 无人机配备了高性能的可见光及热成像相机，可以快速响应火灾现场，进行空中勘察和监测。其热成像相机分辨率高达 640×512，支持点测温、区域测温、高温警报、调色盘及等温线等功能，可以实时监测异常过温情况，提供强大的红外感知能力。此外，Mavic 3T 的长焦相机和热成像相机可以实现 28 倍联动变焦及连续变焦，便于用户高效对比、同步缩放、确认细节。在夜间或低光环境下，这些功能也能帮助搜救人员快速寻人定位，为救援工作的精度与效率带来质的提升。

巡检应用：Mavic 3T 无人机的续航时间长达 45 分钟，有效作业时长及作业半径大幅提升，单架次可完成面积 2 平方公里区域的测绘作业。这使它非常适合进行大范围的巡检工作，如电力线路、石油管道、桥梁等的巡检。通过高清的图像和视频，Mavic 3T 无人机可以为巡检人员提供更全面和精确的现场信息，帮助他们更好地了解设备或设施的运行状态，及时发现潜在的安全隐患。

搜救应用：在搜救场景中，Mavic 3T 无人机的快速响应和高效执行可以大幅提高搜救效率和质量。其配备的广角相机拥有 4800 万像素，长焦相机拥有 1200 万像素，以及 56 倍混合变焦功能，使它可以在较远的距离内获取清晰的图像和视频。此外，Mavic 3T 还支持设置告警和刹停距离，可以根据不同的作业需求进行灵活调整。

三、大疆智图

大疆智图是一款功能强大的航测软件，可以与大疆的无人机平台配合使用。它可以帮助用户快速生成高精度的二维地图和三维模型，为应急救援提供重要的地理信息支持。

（一）性能特点

高效数据处理：大疆智图能够快速处理无人机采集的航拍图像，生成高精度的三维模型和地图数据。这种高效的数据处理能力使救援人员能够迅速获取灾区的地形地貌、道路状况等信息，为救援行动提供有力支持。

实时更新与监测：大疆智图支持实时更新和监测功能，能够实时接收无人机传输的航拍图像和数据，快速生成最新的三维模型和地图。这使救援人员能够及时了解灾区的最新情况，为决策提供最新、最准确的信息。

丰富的数据展示方式：大疆智图提供了多种数据展示方式，包括二维地图、三维模型、点云数据等。这些丰富的数据展示方式使救援人员能够更直观、更全面地了解灾区情况，为制定救援方案提供参考。

兼容性与扩展性：大疆智图具有良好的兼容性和扩展性，能够与其他应急救援系统无缝对接，实现数据的共享和交换。同时，大疆智图还支持自定义开发接口，方便用户根据自己的需求进行功能扩展和定制。

（二）应用场景

实时监测与快速响应：利用无人机搭载的高清相机和热成像传感器，大疆智图可以实时监测可能存在的生命迹象，快速定位被困者的位置，为救援人员提供准确的指引。这种实时监测的能力使救援人员能够迅速响应，提高救援效率。

长时间、无人值守的监测与预警：大疆无人机可以布设在危险区域或受灾区域，进行长时间的、无人值守的监测与预警。一旦监测到相关报警信息，无人机可以自动偏转飞行到指定区域，及时提供图像资料和基础性信息，有助于救援人员了解灾区的最新情况，做出正确的救援决策。

物资运送：大疆无人机还可以用于应急物资的运输。通过无人机实现物资的快速送达，可以为救援工作提供更好的支持，减少互通性协调成本。

灾区勘测与评估：利用大疆无人机，可以在短时间内获得灾区的地形地貌状况、海拔、气象等信息，为救援工作制定最优方案提供重要依据。同时，无人机还能够利用高清晰的拍摄技术，对灾害后的影像数据进行无人机制作，有助于救援人员更全面、直观地了解灾区情况。

第三十二章

江苏恒辉安防股份有限公司

第一节 企业概况

一、企业基本情况

江苏恒辉安防股份有限公司（以下简称"恒辉安防"）是一家覆盖原材料纱线、手部防护产品（舒适透气、防切割、防寒、防油、防水、隔热、防腐蚀等）及全身特种防护产品等业务领域，集研发、生产、销售及智慧化技术服务为一体的综合性集团公司。

恒辉安防创立于 2004 年，是国内较早从事功能性安全防护手套业务的企业。由于当时国内安全防护市场处于空白，我国建筑等行业从业人员众多，但人们安防保护意识却非常薄弱，恒辉安防的创立初心就是让广大的产业工人佩戴上安全舒适的劳动保护手套，更好地保护双手安全。2011 年，恒辉推出自有品牌"HANVO"，并确立了"您的防护专家"的品牌口号。2015 年至 2016 年，公司在上海、东京设立了营销中心，开启全球市场营销战略。2018 年，公司成立恒尚新材料分公司，进军超高分子量聚乙烯纤维领域，业务范围向产业链上游布局延伸。2021 年，公司在深圳证券交易所 A 股挂牌上市，旗下拥有 3 家世界级现代化工厂，2 家营销子公司，1 家智能科技服务公司，1 个个人防护装备产业园及 1 所研究院。恒辉安防以智能制造创新为发展宗旨，精准适配国内外需求，通过可持续发展战略构建企业方针，打造低碳绿色工厂，其在安全防护领域综合优势领先，成为国内安防手套行业的隐形冠军，引领个人防护行业发展。公司目前业务范围覆盖全球 50 多个国家和地区，客户主要集中在美国、欧洲、日本等安全防护要求较高、意识较强的国家和地区，包括美国 MCR Safety、英国 Bunzl 以及日本绿安全等全球知名的安全防护品牌商。截至目前，公司拥有 1800 万打手套产能以及 600 吨超高分子量聚乙烯纤维产能。

公司的安全防护手套专门为保护人体免受各种潜在危险而设计，具有防水、防油、高级别防切割、止滑、人体工程学等设计，对于可能遇到的所有高风险任务，手套具备可靠性高而且耐用的优点，可为客户提供更有针对性、专业性的手部防护，满足不同领域的专业需求，产品被广泛应用于汽车机械、精密仪器、石油化工、农林园艺、冷链食品、建材家具等行业。15 年来，公司坚守质量是第一信仰，持续创新，厚积薄发，公司手套的研发与生产从原材料纱线开始，公司的自主研发中心与纱线工厂确保产品拥有更先进的技术与更稳定的质量。

在个人防护装备标准化不断提升、个人防护装备市场需求不断扩大、终端消费者对高品质防护产品的需求不断升级以及安全环保监管要求不断严苛等环境下，恒辉安防以专注与坚守的信念，在个人安全防护产业领域加速攀岩，完成公司上市，持续拓展内销市场，实现内外双循环的新发展格局。多年来，恒辉安防不仅自主创新推出了面向日本、北欧、美国等地的国际品牌产品 Bestgrip、NXG（子公司恒劢安防旗下），2021 年又面向国内销售渠道推出全新子品牌产品——拳胜，以高性价比的姿态全面进军国内安防手套消费市场。

此外，公司目前正从战略布局方面，大力发展智能制造和数字经济，不断改善升级公司的治理结构，持续提高公司的自主研发能力，推动智能化、生态型、节约型工厂建设，包括生产线的自动化、智能化改造项目，装配 MES 系统、WMS 系统等智能化系统，实现生产线提质增效。2020 年 6 月，恒尚新材料的智能化工厂投产，在生产特种纱线及防切割手套过程中，应用了全球最先进的 AGV 技术用于半成品精准运输。截至 2022 年，公司自主研发的第一条超高速全自动 PU 手套生产样板线已开始分段调试。目前，公司的所有生产环节都由智能化设备"接管"，企业的智能制造可以追溯到原材料纱线，依托智慧化生产管理系统，精细化生产能力大幅提升，并且能够快速响应客户的个性化定制。在仓储、

物流等环节，由智能机器人实现从生产领料到成品入库的智能化运送，全程可在黑灯环境下运行，基本实现了"机器换人"的预想。

二、财政收入

恒辉安防 2019 年以来的财政情况，见表 32-1。

表 32-1　恒辉安防 2019 年以来的财政情况

年　　份	营业收入情况		净利润情况	
	营业收入（亿元）	增长率（%）	净利润（亿元）	增长率（%）
2019	5.98	17.03	1.00	38.89
2020	8.29	38.63	1.12	12
2021	9.50	14.60	0.98	−12.5
2022	8.93	−6	1.26	28.57
2023	9.77	9.41	1.11	−11.90

数据来源：企业年报，2024.05。

第二节　代表产品和服务

Bestgrip 品牌为恒辉安防旗下子品牌，2017 年诞生于日本，专注创新与质量，手套远销日本、欧洲等国家和地区。Bestgrip 以客户需求为第一导向，不断开发高品质、高性能的机械防护手套，以专业的 PPE 行业知识为工业客户定制舒适、透气、防切割、防寒、防油、防水、隔热、防化、防震等一站式手部防护解决方案，产品广泛应用于汽车制造、建筑施工、电子电力、机械设备以及化工生产等领域。以下为公司产品的一些介绍。

水洗超细发泡系列：手套采用先进的水洗超细发泡技术，使手套在干燥、微湿、油腻环境下均能提供优越的抓握力，且具有良好的透气性和耐磨性能，在长时间佩戴情况下依然保持柔软的舒适性。适用于汽车装配、机械操作、设备维修、园艺等工业领域。

防切割系列：防切割系列手套采用公司自主研发和生产的特种防切割纱线，在保持手部佩戴舒适性的同时，提供良好的抓握性、灵活性以及不同等级的防切割性能保护，最大程度地降低作业者在加工行业以及机械使用过程中与锋利器具接触的危险。广泛适用于汽车维修、金属/玻璃切削加工以及建筑施工等环境。

高性能系列：高性能系列手套是公司自主研发的 Smart Grip 技术和 Super Grip 技术产品。Smart Grip 技术产品采用高耐磨乳胶配方加上独特的胶面处理，让手套在干燥和潮湿的条件下均能提供优良的抓握能力，且具备耐磨防滑性能。Super Grip 技术产品采用先进的丁腈磨砂浸胶配方，粗糙的磨砂涂层胶面提供了更好的抓握力，且具有良好的防滑和耐磨性能。

通用系列：通用系列手套包含了普通 PU、乳胶、丁腈等常规系列手套产品。在工艺上精益求精，力求品质稳定。产品具备极高的柔软性与灵活性，且耐磨性佳。广泛适用于电子、农业和园艺等轻工业领域。

防化系列：防化系列手套是专门为化工工业及具备潜在化学腐蚀风险的工业领域而设计的产品。所采用的 Super Grip 双层丁腈浸胶技术及磨砂涂层处理使手套在具备了强劲抓握力的同时隔离了水油及化学物质，保持手部清洁与安全。

第三十三章

上海庞源机械租赁有限公司

第一节 企业概况

一、企业基本情况

上海庞源机械租赁有限公司（以下简称"上海庞源"）成立于2001年，总部位于上海市青浦区，是世界500强企业陕西煤业化工集团有限公司旗下上市公司——陕西建设机械股份有限公司最大的全资核心骨干子公司，注册资本22.58亿元，总资产达百亿规模。上海庞源旗下有40余家全资子公司，以及20余个集智能制造和培训服务为一体的基地，在全国近20个省、自治区、直辖市都有分布，初步形成了遍布全国的业务网络，并在马来西亚、柬埔寨、印度尼西亚、菲律宾等国家设立了海外全资或控股公司。

上海庞源的主要业务包括：为国家和地方重点建筑工程、能源工程、交通工程等基础设施建设所需的工程机械设备提供租赁服务、安拆和维修服务。公司目前拥有各类施工机械12000多台，业务范围覆盖全国、辐射海外，规模处于国内工程机械服务行业前列，具有提供涵盖进场安装、现场操作、设备维修和拆卸离场的一站式综合解决方案的良好能力。公司长期服务于中国建筑、中国电建、中国能建、中铁、中交、中核等大型央企和上市企业，曾参与了鸟巢、国家博物馆、央视新址、上海环球金融中心、上海世博会主题馆、港珠澳大桥、青藏铁路等诸多地标性建筑和国家重点工程项目的建设工作，具有"A类特种设备安装改造维修许可证"和"起重设备安装工程专业承包一级"资质，是上海市高新技术企业、中国工程机械租赁服务行业的龙头企业。

上海庞源始终坚守"感恩、诚信、专业、敬业"的价值观，致力于创新突破、精益求精、追求卓越。截至 2022 年底，上海庞源已取得总计 897 项知识产权，其中发明专利 25 项，实用新型专利 700 项，软件著作权 172 项。公司参与了《塔式起重机安全评估规程》《施工升降机安全评估规程》《塔式起重机安全监控系统》等行业标准的编制；自主开发应用的"庞源在线"APP 引领了行业信息化管理新模式，定期公布的庞源指数成为反映行业发展状况的风向标；公司先后荣获"中国工程机械租赁行业十大最具竞争力品牌""中国建筑施工机械租赁 50 强企业""全国质量信誉有保障优秀服务单位""2021 全球建筑工程租赁业100 强第 18 位"等各类荣誉资质。未来，上海庞源将致力于成为客户终身信赖、具有发展活力与市场价值的工程机械租赁专业服务提供商，进一步打造成为全球工程机械服务行业的领导者。

二、财政收入

受房地产市场业务增量萎缩、存量减少的影响，工程机械租赁行业也呈现周期性下行，市场竞争日趋激烈、租赁价格下跌，设备使用率显著下滑。中国工程机械工业协会相关数据显示，2023 年 52 周塔机租赁行业景气指数（TPI）同比下降 25.9%，年度累计新单总额同比下降14.5%。在这一背景下，上海庞源全年实现收入 28.88 亿元，同比下降18.46%，净利润也出现了大额亏损，但在营收压降方面达成了预定目标。2021—2023 年上海庞源近三年的财政情况，如表 33-1 所示。

表 33-1 上海庞源近三年的财政情况

年 份	营业收入情况		净利润情况	
	营业收入（亿元）	增长率（%）	净利润（亿元）	增长率（%）
2021	43.34	22.74	5.41	-26.25
2022	35.42	-18.27	0.57	-89.46
2023	28.88	-18.46	-4.94	-966.67

数据来源：企业年报，2024.05。

第二节　代表产品和服务

上海庞源专注塔式起重机领域，以塔机租赁为主业展开各类服务，为国内众多大型建筑、能源、交通等工程建设和居民住宅建设提供了涵盖机械设备租赁、方案设计、进场安装、现场操作及管理、维修保养、拆卸离场等全方位的优质服务。上海庞源设备价值总规模超过 100 亿元，在塔机数量、总吨米数上位居全球第一。

庞源租赁于 2010 年成立了技术研发中心，其职责除对起重机械设备安拆装和维护的技术进行研发外，还负责制定设备采购相关标准，同时为工程项目施工现场提供技术支持和服务，为非标准化施工项目的特殊工况定制个性化产品、提供量身打造的技术解决方案，引领了塔机租赁行业发展趋势，并获得了"上海市企业技术中心"的荣誉认证。

此外，上海庞源始终将安全作为关注的首要目标，在产品安全上投入大量研发成本和人员培养，在安全管控上同样居于行业领头地位，设备事故率低于行业平均水平。上海庞源研发团队会同制造企业、大专院校以及塔机配套企业等，从智能化、信息化、安全化三方面综合考量，研发出"庞源版"的全球高端智能安全驾驶舱，其配备有安全座椅和包裹式的安全气囊，成为塔机驾驶员的有效安全保障，并已装配到各类塔机之上，公司成为国内首家配备有安全驾驶舱的租赁企业。

上海庞源的主要产品，见表 33-2。

表 33-2　上海庞源的主要产品

序　号	产品种类	产品介绍
1	动臂塔式起重机	塔式起重机又称为塔机或塔吊，是一种将臂架安置在垂直的塔身顶部的可回转臂架型起重机，由金属结构、工作机构、电气系统及安全装置四部分组成。塔式起重机最常用于房屋建筑施工中物料（如钢筋、木楞、混凝土等）的垂直运输及建筑构件的安装。塔式起重机具有起重能力强、作业空间大、操作简便等特点，被广泛应用于建筑工地、港口和工厂等场景，尤其在高层建筑和桥梁的建设中扮演了关键作用
2	平头塔式起重机	

序 号	产品种类	产品介绍
3	平臂塔式起重机	其中，动臂塔式起重机动臂长度较长，具有作业范围较大、旋转范围广（可实现360度旋转）的特点，适用于桥梁、水利等远距离的起重作业需要。平头塔式起重机和平臂塔式起重机的平衡臂长度较短，适用于近距离作业如建筑材料搬运、楼面吊篮的安装和拆卸等。平头塔式起重机在结构形式上与后者有所不同，其取消了塔头，在对高度有特殊要求的场合应用效果较好
4	屋面吊	屋面吊又称为屋顶起重机，是一种广泛应用于建筑、工业、物流等领域的起重设备。屋面吊的工作原理与起重机类似，通过电动机驱动卷扬机，使钢丝绳或链条产生拉力，从而实现物体的升降和搬运。屋面吊通常安装在建筑物的屋顶上，通过伸缩臂和旋转机构，实现不同角度和距离的起重作业。屋面吊常用于建筑施工中的高空作业、吊装材料、安装设备环节；工业生产中的物料搬运、装配线上的工件吊装等场景，能够有效加快施工进程，提高生产效率
5	架桥机	架桥机是一种专用于桥梁施工架设的起重机械。架桥机的主要功能是将预制好的梁体从地面吊起，移动到桥墩上方，而后准确放置到预定位置。除此之外，架桥机还可以在桥梁建设中进行各种辅助工作，如安装支撑塔、铺设轨道梁、运输施工材料等。架桥机的使用极大降低了工人的劳动强度，极大提升了桥梁建设的效率
6	履带吊	履带吊，即履带式起重机或履带吊车，是一种安装有履带行走装置的全回转移动臂架式起重机。履带吊主要由动力装置、工作机构以及移动臂等组成，可以实现在任意地形上行驶和360度旋转，具有吊装能力强、起重量大以及可以吊重行走的特点，履带吊在建筑、桥梁、港口、矿山、水利等领域得到了广泛应用，但由于起重臂不能自由伸缩、拆装较为困难，因此总体上适用在大型的工厂或厂区内工作
7	施工电梯	施工电梯又称为建筑升降机，由轿厢、驱动机构、标准节、附墙、底盘、围栏、电气系统等部分组成，是施工现场中常用的垂直运输设备，通常与塔机配合使用，可用于载人、载物，解决了大型建筑和高层建筑建造过程中的人员和物料的运输问题

政　策　篇

2023—2024年中国安全应急产业政策环境分析

2023年是全面贯彻落实党的二十大精神的开局之年，是实现"十四五"规划目标任务的关键一年。2023年5月12日，习近平总书记在深入推进京津冀协同发展座谈会上指出，把安全应急装备等战略性新兴产业发展作为重中之重，着力打造世界级先进制造业集群。总书记的指示，为安全应急产业进一步指明了方向，明确了重点。2023年成为我国安全应急产业的拐点之年，各地对发展安全应急产业的重要性提高到一个新的高度，各地发展安全应急产业的积极性、主动性、创造性进一步被激发，我国安全应急产业正在迈向新技术融合应用、新装备加快推广、新产业加快培育、新样板加快构建的新阶段。

第一节　国家对安全应急产业的重视程度逐渐加深

党的十八大以来，党中央高度重视统筹发展和安全工作。党的二十大报告强调，要"统筹发展和安全""建设更高水平的平安中国，以新安全格局保障新发展格局"，这对我国提升本质安全水平和增强应急保障能力提出了更高的要求。自2012年工业和信息化部和原国家安全监管总局联合发布《促进安全应急产业发展的指导意见》以来，过去的十多年间，我国安全应急产业破茧成蝶，不断集成创新。从2011年《安全生产"十二五"规划》中提到"促进安全产业发展"，到2021年《"十四五"国家应急体系规划》的"壮大安全应急产业"，表明国家对安全应急产业重视程度不断加深，也预示着在增强我国应急体系建设，推进安全发展中，安全应急产业扮演着越来越重要的角色。2023 年 9 月，工业和信息化部、国家发展改革委、科技部、财政部、应急管理部等五部门联合印发《安全应急装备重点领域发展行动计划（2023—2025 年）》，明确提出聚焦地震和地质灾害、洪水灾害、城市内涝灾害、冰雪灾害、森林草原火灾、城市特殊场景火灾、危化品安全事故、矿山（隧道）安全事故、紧急生命救护、家庭应急等场景应用的重点安全应急装备，强化核心技术攻关及推广应用，加强先进适用安全应急装备供给，提高灾害事故防控和应急救援处置能力，为安全应急产业发展明确了新定位、提出了新使命、指明了新方向、部署了新任务，为安全应急装备的发展加强了政策引导。2024 年 1 月，应急管理部、工业和信息化部联合印发《关于加快应急机器人发展的指导意见》，提出要加强应急机器人急需技术攻关、强化重点领域应急机器人研制、推进应急机器人实战应用、深化应急机器人发展环境建设，为安全应急产业重点领域装备的发展提出了更具体的发展目标和任务。2024 年 3 月，工业和信息化部等七部门印发《推动工业领域设备更新实施方案》，提出要实施本质安全水平提升行动，推广应用先进适用安全装备。加大安全装备在重点领域推广应用，在全社会层面推动安全应急监测预警、消防系统与装备等升级改造与配备，围绕工业生产安全事故、地震地质灾害等重点场景，推广应用先进可靠安全装备，对安全应急装备发展提出了更高的要求。

第二节　地方政府精准推进安全应急产业高质量发展

在国家层面推动作用下，江苏、广东、河北等地方层面在谋篇布局"十四五"时期产业发展思路时，普遍注重从统筹发展和安全的战略高度强调发展安全应急产业的必要性和紧迫性，纷纷出台地方应急产业建设规划。在各地方应急管理"十四五"规划中，针对安全应急产业发展均有所部署。

长三角地区以江苏省为重点发展省份，前瞻部署打造国家级安全应急产业集聚区。2023 年 11 月 21 日，江苏省印发《江苏省安全应急装备重点领域发展行动实施方案（2023—2025 年）》，明确指出了到 2025

年，全省安全应急产业发展质量明显提升，安全应急装备产业规模持续扩大、自主创新能力明显提高、产品质量和供给保障能力显著提升，努力打造成为全国安全应急科技创新先导区。同时，各地市积极响应，如徐州市出台了《徐州市安全应急产业集群创新发展行动计划（2023—2025年）》，将推动财政、土地、科创等政策向安全应急产业集群发展倾斜，全力向上争取政策支持。

京津冀地区以河北省为重点发展省份，突出京津冀协同发展打造安全应急装备先进制造业集群。2023年11月23日，河北省印发《河北省安全应急装备产业高质量发展行动计划（2023—2025年）》，提出到2025年，全省安全应急装备产业创新能力和核心竞争力大幅提升，供应保障体系更加完善，对防灾减灾救灾和重大突发公共事件处置保障的支撑作用明显增强，产业规模达到3000亿元以上。2024年2月，河北省工业和信息化厅、北京市经济和信息化局、天津市工业和信息化局共同发布《京津冀安全应急装备先进制造业集群发展规划（2024—2028年）》，为京津冀三地安全应急产业协同发展明确了十大重点发展领域，以产业链协同为着力点发展城市内涝应急救援、医学救援装备，以产业链强基础为着力点发展预测预警、防控防护、抢险救援、无人救援、应急通信装备，以重点场景应用为着力点发展消防救援、特种交通、安全生产事故应急救援装备，构建起贯穿监测预警、安全防护、应急救援全产业链的安全应急装备产业体系。

粤港澳大湾区以广东省为重点发展省份，智能制造+安全服务双核驱动打造安全应急智能园区。2024年3月，《佛山市南海区打造安全应急千亿产业集群实施方案（2024—2030年）》发布，提出未来7年南海将投入不低于350亿元支持安全应急产业发展，形成"一核多极"产业格局，打造具有国内影响力和国际竞争力的安全应急产业智能制造中心、技术创新中心、产品展销中心、金融服务中心。南海区安全应急产业将以应急救援保障装备、新型安全材料、风险防控与安全防护产品、智能化监测预警系统、紧急医学救援产品、安全应急综合服务、能源安全服务、环境监测及处置服务8个领域为重点发展方向，提升核心竞争力。

2023年12月18日，陕西省工业和信息化厅等五部门印发《陕西

省安全应急装备重点领域发展行动计划（2023—2025 年）》，提出力争到 2025 年，安全应急装备产业规模、产品质量、应用深度和广度显著提升，对防灾减灾救灾和重大突发公共事件处置保障的支撑作用明显增强；全省安全应急装备重点领域产业规模超过 1500 亿元，打造竞争力强的安全应急装备先进制造业集群，综合实力位居全国第一方阵，力争构建西北防灾减灾救灾和重大突发公共事件处置保障基地。

2024 年 1 月 5 日，江西省工业和信息化厅等五部门联合印发了《江西省安全应急装备重点领域发展行动计划（2024—2025 年）》，指出到 2025 年，全省安全应急产业规模超过 500 亿元，培育 2 家以上具有核心技术优势的重点骨干企业，涌现一批制造业单项冠军企业、"小巨人"企业与专精特新中小企业，力争打造 2 家左右国家安全应急产业示范基地（含创建单位）。

第三十五章

2023—2024 年中国安全应急产业重点政策解析

第一节 《安全应急装备重点领域发展行动计划（2023—2025 年）》

为全面贯彻党的二十大精神，深入贯彻落实习近平总书记关于安全应急装备发展的重要指示精神和党中央、国务院决策部署，2023 年 9 月 26 日，工业和信息化部、国家发展和改革委员会、科技部、财政部、应急管理部等五部门联合印发《安全应急装备重点领域发展行动计划（2023—2025 年）》（以下简称《行动计划》），提出力争到 2025 年，安全应急装备产业规模、产品质量、应用深度和广度显著提升，对防灾减灾救灾和重大突发公共事件处置保障的支撑作用明显增强，并聚焦十大场景应用重点产品，明确了安全应急装备重点领域发展任务。《行动计划》的出台是推进灾害事故防控能力建设的重要举措，也为我国安全应急装备高质量发展提供了有力支持。

一、政策要点

（一）《行动计划》明确了安全应急装备重点领域的发展思路与目标

《行动计划》明确了安全应急装备重点领域发展是要以提升装备现

代化水平为主线，推进科技创新，加强推广应用，繁荣产业生态，推动产业高质量发展，提高防灾减灾救灾和重大突发公共事件处置保障能力，满足日益增长的安全应急需求，提升人民群众获得感、幸福感和安全感。同时，《行动计划》提出了到 2025 年的发展目标：在安全应急装备产业规模方面，要突破 1 万亿元；在产品质量方面和企业培育方面，要聚焦重点应用场景攻克一批关键核心技术，推广一批具有较高技术水平和显著应用成效的安全应急装备，形成 10 家以上具有国际竞争力的龙头企业、50 家以上具有核心技术优势的重点骨干企业，涌现一批制造业单项冠军企业和专精特新"小巨人"企业；在集聚发展方面，要培育 50 家左右国家安全应急产业示范基地（含创建单位），打造竞争力强的安全应急装备先进制造业集群；应用深度和广度显著提升，对防灾减灾救灾和重大突发公共事件处置保障的支撑作用明显增强。

（二）《行动计划》明确了安全应急装备十大重点领域

《行动计划》重点聚焦近几年多发的自然灾害类型和造成较大损失的生产安全事故共十大场景，集中力量加快重点领域装备发展，这十大场景分别是：地震和地质灾害、洪水灾害、城市内涝灾害、冰雪灾害、森林草原火灾、城市特殊场景火灾、危化品安全事故、矿山（隧道）安全事故、紧急生命救护和家庭应急。

（三）《行动计划》提出十大重点任务

《行动计划》从加强技术创新、加强推广应用、繁荣产业生态三个方面提出了十项重点任务，还明确了构建重点安全应急装备产业链和提升供给水平的要求。这十项重点任务包括研发攻关、搭建公共服务平台、发布推广目录、发布家庭应急产品规范企业推荐目录、推进试点示范、加强宣传推广、完善产业链、加强企业培优、推动集群化发展、完善标准体系等。

从加强技术创新方面来看，《行动计划》围绕开展重点装备研发攻关和打造研发创新及公共服务平台两方面，提出通过国家级和省部级科技重大专项或重点研发计划、揭榜挂帅、发布装备攻关指南等，组织研发单位与用户单位联合攻关。同时，支持产学研用单位联合打造安全应急装备领域创新平台，建设产业技术基础公共服务平台，支持开展先进适用装备实战测试和演练，开展试验检测、信息服务、创新成果产业化等，提升公共服务水平。

从加强推广应用方面来看，《行动计划》提出围绕重点场景，遴选一批具有先进性、可靠性、推广应用前景的装备，发布先进安全应急装备（推广）目录；引导家庭应急产品技术进步和企业规范发展，发布家庭应急产品规范企业（推荐）目录；遴选具有技术先进性、应用实效性、模式创新性、示范带动性的技术成果转化项目，开展试点示范；同时，将通过不同渠道加强宣传推广，推进产研对接、产需对接、产融对接。

从繁荣产业生态方面来看，《行动计划》提出聚焦我国急需的安全应急装备，加快推进产业延链、补链、强链，集中优质资源补短板锻长板；促进安全应急装备大中小企业协同发展；以推进国家安全应急产业示范基地培育、安全应急装备中小企业特色产业集群建设和安全应急装备先进制造业集群建设等方式，推动企业集群化发展；加快重点领域标准制修订工作，完善产业标准体系，以标准促进安全应急装备高质量发展。

（四）《行动计划》提出了五项协同保障措施

为全面完成《行动计划》的各项目标和任务，《行动计划》提出了五项保障措施，包括加强组织领导、加强政策支持、推进产融合作、加快人才培养、加强培训和企业服务。在加强组织领导方面，《行动计划》提出加强部门合作和部省联动，推动地方建立产业发展统筹推进机制，加强与相关规划及政策的协同推进。在加强政策支持方面，《行动计划》提出将符合条件的安全应急装备纳入首台（套）重大技术装备和重点新材料首批次应用保险补偿范围，研究综合运用政府采购需求标准、安全生产专用设备税收抵免等一系列政策措施促进产业发展。鼓励地方政府出台政策支持安全应急装备发展。在推进产融合作方面，《行动计划》提出支持企业申报"科技产业金融一体化"专项，发挥国家产融合作平台作用，也鼓励社会资本出资组建安全应急装备产业发展基金，拓展融资渠道等。在加快人才培养方面，《行动计划》提出，国家支持高等院校开设安全应急相关专业，培养专业技术人才和管理人才，支持产教融

合培养安全应急领域卓越工程师等。在加强培训和企业服务方面，《行动计划》提出推动行业协会、联盟等第三方机构搭建公共服务平台，加强企业服务，鼓励示范基地等开展安全应急体验式培训，不断提升公众安全意识。

二、政策解析

（一）《行动计划》以我国安全应急装备产业快速发展为背景

2023 年 5 月 12 日，习近平总书记在深入推进京津冀协同发展座谈会上发表重要讲话，并指出，"要巩固壮大实体经济根基，把集成电路、网络安全、生物医药、电力装备、安全应急装备等战略性新兴产业发展作为重中之重，着力打造世界级先进制造业集群"。同时，《"十四五"国家应急体系规划》提出要"壮大安全应急产业"，推动产业高质量发展，提升安全应急装备现代化水平。《行动计划》的出台是深入贯彻落实习近平总书记的重要指示精神和党中央、国务院决策部署的重要举措。在政府支持、需求拉动、技术融合的推动下，我国安全应急装备迎来快速发展的阶段，作为战略性新兴产业和新的经济增长点的地位更加凸显。目前，我国安全应急装备产业已实现了对安全防护、监测预警、应急救援的全面覆盖，越来越多的地方政府支持发展安全应急装备产业，并将其作为培育发展新动能、提升应急管理现代化水平的必然选择。同时，相关装备在安全应急保障中也发挥着更加重要的作用，特别是物联网、大数据、人工智能等技术与装备深度融合，不断拓展装备应用的领域和场景。

（二）《行动计划》出台，以满足我国安全应急装备重点领域产品需求为出发点

一是降低重点领域安全风险要求有效释放刚需。提升安全应急装备供给和应用水平是通过增加高质量产品供给，满足人民群众安全应急需要，推动在更高水平上实现安全发展的重要途径。近年来，我国安全形势总体持续好转，但受气候变化和新旧风险交织等因素影响，仍然存在一些薄弱环节和突出问题，给人民群众的生命和财产造成严重损失。应

急管理部统计数据显示，2022 年，我国各种自然灾害共造成 1.12 亿人次受灾，因灾死亡失踪 554 人，直接经济损失 2386.5 亿元，其中地震和地质灾害、洪水灾害、冰雪灾害和森林草原火灾发生的频率较高且造成的损失较重，安全生产事故总量和死亡人数虽然持续下降，但矿山、危化品、消防、工贸等行业领域的安全生产形势依然严峻。为此，《行动计划》特别聚焦重大自然灾害与生产安全事故十大重点场景需要，明确了各场景关键装备核心技术攻关与推广应用的重点方向，以推动先进适用的安全应急装备高效供给。二是消费升级、产业升级和应急管理体系建设有效拉动装备市场需求。如家庭应急产品、安全生产信息化系统、防爆电气装备、化学品安全检测监控装备、储存运输安全装备、个体防护装备等需求旺盛。三是应急管理体系建设带动各级政府对安全应急装备的需求较大。

（三）《行动计划》出台以提升我国安全应急装备重点领域产品供给水平为目标

我国安全应急装备供给能力仍需提升。一是核心技术和关键零部件仍有短板。市场上装备多集成、少自主，在关键的自动化、智能遥控等技术上还不完善，装备的可靠性、安全性等还有待提高，在整体设计的合理性上仍有待改进，在关键技术参数、视觉感知、压力传感、远程通讯、自主决策、复杂地形移动等多项技术融合等方面仍需提升。二是安全应急装备应用的便利性和适用性仍需加强。安全应急装备不仅需要安全防护或应急的功能，还需要适应不同行业、各类特殊场景的要求，如矿山的防尘防爆、消防的防水防火耐高温、化学品的防腐蚀等，装备能否在满足个性化功能要求的基础上应对复杂变化环境，决定了其市场推广的可能性。三是整体配套服务能力有待提升。制造企业质量管理能力，特别是装备的配套服务能力仍需提升。同时，安全应急装备涉及行业多，供需信息共享不及时，部分装备制造商对需求信息掌握较少，影响了装备的研发。《行动计划》的出台正是为了加强战略布局和系统谋划，调动各方资源力量广泛参与，整体推进、重点突破，推动我国安全应急装备竞争力大幅提升。

第二节 《关于加快应急机器人发展的指导意见》

应急管理部、工业和信息化部在 2023 年 12 月 29 日发布了《关于加快应急机器人发展的指导意见》（以下简称《意见》）。为贯彻落实党的二十大精神和习近平总书记关于应急管理的重要指示精神，《"十四五"国家应急体系规划》中明确提出要推进应急管理体系和能力现代化。《意见》的发布，是中国应急管理现代化进程中的重要一步，体现了科技创新在提升应急管理能力中的关键作用。通过政策的实施，中国应急管理体系将迎来新的发展机遇，进一步提高应急救援的效率和效果，为实现国家安全和人民福祉提供坚实保障。

一、政策要点

（一）出台背景

一是政策环境与支持力度不断强化。近年来，我国政府发布了一系列规划和政策文件，如《"十四五"国家应急体系规划》《"十四五"应急管理装备发展规划》《"十四五"机器人产业发展规划》等，为应急机器人发展提供了政策保障和支持。二是我国灾害频发与应急需求迫切。我国是一个自然灾害频发的国家，地震、洪涝、台风等自然灾害对社会经济和人民生活造成严重影响。近年来，随着城市化进程的加快，城市灾害和安全事故的复杂性和频发性也在增加。传统的应急救援手段面临巨大挑战，急需更加智能化、现代化的应急装备来提升应急响应能力。三是应急管理体系现代化的要求。应急管理部、工业和信息化部《关于加快应急机器人发展的指导意见》秉承将党的二十大精神和习近平总书记关于应急管理的重要指示精神彻底得到贯彻落实，完成中国政府在"十四五"规划中提出要推进应急管理体系和能力现代化的任务目标的环境下制定颁布，旨在通过科技创新和装备升级，全面提升应急管理的科学化、专业化、智能化水平。四是科技创新与产业发展双轮驱动。科技创新是推动应急管理装备现代化的关键动力。应急机器人作为应急管理装备中的重要组成部分，具有感知、决策和执行等智能特征，可以在复杂危险场景中替代或辅助人类工作。随着人工智能、大数据、云计算等技术的发展,应急机器人技术逐渐成熟,为其在应急管理中的应用提供了坚实基础。五是国际经验与技术趋势。国际上,应急机器人在自然灾害、公共安全等领域的应用已经取得显著成效。美国、日本等国家在应急机器人研发和应用方面走在前列,积累了丰富经验。中国借鉴国际先进经验,结合自身实际情况,推动应急机器人发展,以提升国家的整体应急能力。

(二)主要内容

《意见》明确指出发展应急机器人的重要性,应急机器人在安全生产和防灾减灾救灾过程中具有不可替代的重要作用。这些机器人能够按照指令完成搜索救援、监测预警、通信指挥以及保障后勤供应等任务,半自主或全自主控制功能使其能够在危险环境中部分或完全替代人类的工作。应急机器人的制造发展可以大幅提升复杂危险场景中的生产和救援效率与安全性。

《意见》提出了四个基本原则。一是要全力攻克救援装备技术研发的短板和突破瓶颈,重点解决重要救援装备的关键技术难点,加大应急机器人配备的投入力度,不断提升机器人的实战能力。二是切实发挥科技创新的驱动作用,鼓励原创性科技攻关,重点突破核心技术,提高科技成果转化和产业化水平。三是统筹急用先行与长远发展、能力提升与装备建设的关系,推进应急机器人体系建设。四是提高应急机器人的安全性和可靠性,确保在复杂环境中的高效运作。

《意见》进一步明确了机器人制造发展目标。2025 年完成研发一批先进应急机器人的任务,任务关键是研发的机器人智能化水平需得到显著提升;建设能满足应急救援机器人实战检测和示范应用需求的基地,进一步建立完善生态体系;加快应急救援机器人装备体系的建设步伐,全面提升应急机器人实战应用水平及支撑力度。

《意见》提出了四大主要任务。一是加强核心技术攻关。针对洪涝灾害、地震、森林火灾等高风险应急救援场景,提高机器人在高温、高湿、高寒等恶劣环境中的适应性。开发高性能载荷,增强机器人多功能作业的能力,满足不同救援任务需求。研究复杂环境下的机器人自主控

制技术，突破集群协同作业和人机协同作业的关键技术。二是加大重点领域的应急救援机器人研制开发力度。研制开发各种类型的应急救援机器人装备，主要针对能满足抗洪抢险、地震救援、森林火灾救援等易发险情领域的应急需求，以提高高危场景作业的安全性和智能化水平。三是在实战应用中推进。加强应急机器人应用的战术战法研究，完善遥控操作、人机协同、多机协作等技术。在易发险情区域开展应急救援机器人的演练示范，将推广先进技术装备落实到实处，确保实战能力的提高。推动国家及地方各级应急救援队伍装备更新，配备技术先进、性能可靠的应急救援机器人。四是优化应急救援机器人制造发展环境。确保机器人载荷接口达标，完善实战测试标准，推进国家标准、行业标准、地方标准和团体标准的衔接。加强实验室和研发中心对应急机器人技术的支持，提升技术水平。针对不同应急管理需求，建设抗洪抢险、森林火灾救援等测试基地，完善检验检测及实用效能测试评价体系。

二、政策解析

（一）推动应急机器人加速投入应用

我国应急救援机器人由快速启动到稳定发展，未来发展前景广阔。然而，总体评估，我国应急救援机器人的应用仍处于发展初期，真正投入使用并具有实战经验的案例并不多，尚未达成大规模普及的目标。《意见》的出台将有力推动应急救援机器人的生产，使之快速落地，《意见》引领应急救援领域装备制造发展方向，为其提供了重要的发展平台。大力推动应急救援机器人在高危行业领域的广泛应用和发展。应急救援机器人在安全生产应急救援领域的推广和使用是实现科技兴安的重要步骤，是确保一线救援人员能够运用科学手段，实施高效、安全救援的唯一途径。应急救援机器人制造发展水平直接显示应急救援装备呈现的现代化发展趋势，是衡量应急救援管理体系和管理能力现代化水平的试金石。应急救援机器人最初的发展，其功能主要集中在救援环节上，发展至今应急救援则需要加速监测预警机器人的发展才能适应形势需要，防患于未然。只有将安全治理关口前移，才能化解安全风险、排解安全隐患，全面提高全社会防灾减灾意识，支撑能力稳固提升。大力推广应急救援机器人在安全生产领域的广泛使用，切实有效提升应急救援装备更加趋于专业化、智能化、信息化、科技化的发展水平。

（二）指明应急救援机器人科技研发方向

《意见》提出今后发展目标，将于 2025 年研发一批智能化的应急救援机器人，确保其更加趋于科学化、专业化、和智能化；建设一批符合应急救援机器人实战测试、示范应用需求基地，加快完善发展生态体系的步伐；提升应急救援机器人配备水平，优化应急装备体系建设，全面提升实战应用及支撑水平。与此同时，应急管理部和财政部联合印发了《安全生产应急救援力量建设总体方案》，中央财政将连续 5 年安排补助资金，用于购置国家重要特殊救援装备，其中包括应急机器人等先进智能化装备。我国将综合考虑各地实际情况、事故灾害类型和国家安全生产应急救援队伍能力，为国家安全生产应急救援队伍配备一批矿山救援、危化救援、灾情侦察、应急医疗机器人等装备，进一步提升我国应对重特大、复杂生产安全事故灾难的救援能力，为社会稳定和经济安全发展提供坚实保障。

（三）着重提升机器人核心技术水平

《意见》中提出的首要任务是增强应急机器人的核心技术攻关能力。一方面，对应急救援科技加持能力与力度提出具体且须落实的意见，形势紧迫需应急救援机器人等智能化装备快速发展；另一方面，我国目前安全应急救援装备的产品研发主要在通用领域和低端市场很难有大的发展，需要尽快摆脱困境，推动应急救援机器人等先进技术创新完成成果转化，突破阻碍创新的关键性技术，提升扩大产品供给力度和范围，加快推广应用步伐，构建完善应急救援机器人体系的建设。近年来，国家安全生产应急救援中心一直高度重视科技在应急救援中的支持作用。《意见》提出了具体的攻关方向，攻关项目包括灾难多发的矿井水害事故，事故所需水下环境勘查应急救援、被困人员定位搜索、水下环境探测以及在矿山（隧道）坍塌现场无法精准定位救援被困人员的生命探测仪。通过积极有效的攻关，充分调动全社会智力及资金投入，齐心协力攻克应急救援智能装备的技术难题，推动救援装备早日实现科技化、智

能化。多灾频发警示我们应急救援机器人的发展需智能化、多面化，优先发展应急救援机器人在重点领域的应用。尤其"三断"等极端环境下，要做到及时准确提供应急通信、侦察、生命探测等基础装备支持、提供具有实战经验的应急救援机器人。大力发展灾害易发且有潜在高危及环境恶劣应急救援机器人，针对城市消防、地震、抗洪、森林草原火灾、危化品、煤矿、电力等灾情的不同特点做好应急救援的准备。有备而战才能战无不胜。

第三节 《推动工业领域设备更新实施方案》

推动工业领域大规模设备更新，有利于扩大有效投资，有利于推动先进产能比重持续提升，对加快建设现代化产业体系具有重要意义。为贯彻落实党中央、国务院决策部署，推动工业领域设备更新和技术改造，工业和信息化部等七部门联合印发了《推动工业领域设备更新实施方案》（以下简称《方案》）。

一、政策要点

（一）明确了总体要求

《方案》里提到：围绕推进新型工业化，以大规模设备更新为抓手，实施制造业技术改造升级工程，以数字化转型和绿色化升级为重点，推动制造业高端化、智能化、绿色化发展，为发展新质生产力，提高国民经济循环质量和水平提供有力支撑。到 2027 年，工业领域设备投资规模较 2023 年增长 25%以上，规模以上工业企业数字化研发设计工具普及率、关键工序数控化率分别超过 90%、75%，实现工业大省大市和重点园区规上工业企业数字化改造全覆盖，重点行业能效基准水平以下产能基本退出、主要用能设备能效基本达到节能水平，本质安全水平明显提升，创新产品加快推广应用，先进产能比重持续提高。

（二）明确了重点任务

一是实施先进设备更新行动。针对工业母机、农机、工程机械、电动自行车等生产设备整体处于中低水平的行业，加快淘汰落后低效设备、超期服役老旧设备。针对航空、光伏、动力电池、生物发酵等生产设备整体处于中高水平的行业，鼓励企业更新一批高技术、高效率、高可靠性的先进设备。在石化化工、医药、船舶、电子等重点行业，围绕设计验证、测试验证、工艺验证等中试验证和检验检测环节，更新一批先进设备，提升工程化和产业化能力。

二是实施数字化转型行动。以生产作业、仓储物流、质量管控等环节改造为重点，推动数控机床与基础制造装备、增材制造装备、工业机器人、工业控制装备、智能物流装备、传感与检测装备等通用智能制造装备更新。加快新一代信息技术与制造全过程、全要素深度融合，推进制造技术突破、工艺创新、精益管理、业务流程再造。推动人工智能、5G、边缘计算等新技术在制造环节深度应用，形成一批虚拟试验与调试、工艺数字化设计、智能在线检测等典型场景。加快工业互联网、物联网、5G、千兆光网等新型网络基础设施规模化部署，鼓励工业企业内外网改造。

三是实施绿色装备推广行动。推动重点用能行业、重点环节推广应用节能环保绿色装备。对照《重点用能产品设备能效先进水平、节能水平和准入水平（2024年版）》，以能效水平提升为重点，推动工业等各领域锅炉、电机、变压器、制冷供热空压机、换热器、泵等重点用能设备更新换代，推广应用能效二级及以上节能设备。以主要工业固废产生行业为重点，更新改造工业固废产生量偏高的工艺，升级工业固废和再生资源综合利用设备设施，提升工业资源节约集约利用水平。

四是实施本质安全水平提升行动。推广应用连续化、微反应、超重力反应等工艺技术，反应器优化控制、机泵预测性维护等数字化技术，更新老旧煤气化炉、反应器（釜）、精馏塔、机泵、换热器、储罐等设备。以推动工业炸药、工业电子雷管生产线技术升级改造为重点，以危险作业岗位无人化为目标，实施"机械化换人、自动化减人"和"机器人替人"工程，加大安全技术和装备推广应用力度。重点对工业炸药固定生产线、现场混装炸药生产点及现场混装炸药车、雷管装填装配生产线等升级改造。加大安全装备在重点领域推广应用，在全社会层面推动安全应急监测预警、消防系统与装备、安全应急智能化装备、个体防护

装备等升级改造与配备。围绕工业生产安全事故、地震地质灾害、洪水灾害、城市内涝灾害、城市特殊场景火灾、森林草原火灾、紧急生命救护、社区家庭安全应急等重点场景，推广应用先进可靠安全装备。

（三）明确了保障措施

一是加大财税支持。加大工业领域设备更新和技术改造财政支持力度，将符合条件的重点项目纳入中央预算内投资等资金支持范围。加大对节能节水、环境保护、安全生产专用设备税收优惠支持力度，把数字化智能化改造纳入优惠范围。二是强化标准引领。围绕重点行业重点领域制修订一批节能降碳、环保、安全、循环利用等相关标准，实施工业节能与绿色标准化行动，制定《先进安全应急装备（推广）目录》，推广《国家工业和信息化领域节能降碳技术装备推荐目录》，引导企业对标先进标准实施设备更新和技术改造。三是加强金融支持。设立科技创新和技术改造专项再贷款，引导金融机构加强对设备更新和技术改造的支持。发挥国家产融合作平台作用，编制工业企业技术改造升级导向计划，强化银企对接，向金融机构推荐有融资需求的技术改造重点项目，加大制造业中长期贷款投放。四是加强要素保障。鼓励地方加强企业技术改造项目要素资源保障，将技术改造项目涉及用地、用能等纳入优先保障范围，对不新增土地、以设备更新为主的技术改造项目，推广承诺备案制，简化前期审批手续。

二、政策解析

（一）编制背景

《方案》的实施对于促进中国制造业的转型升级、推动经济的高质量发展具有重要的意义和深远的影响。首先，该方案旨在提升生产效率，通过更新更先进的设备，提高自动化程度，从而显著提升生产效率。其次，这一举措有助于降低成本。尽管初期投资可能较大，但长期来看，先进设备的运用可以减少维护成本、降低能耗，进而降低生产成本。另外，更新设备还能增强企业的竞争力，拥有先进设备的企业在产品质量、生产速度以及客户满意度等方面通常更具竞争力。最后，工业设备的更新也是推动产业升级的重要手段。这不仅是个别企业的行为，更是能够推动整个产业链的升级和转型的关键举措。

（二）规模增长目标的确定

方案对规模增长目标的制定不仅有利于企业的发展，也将为我国经济的持续增长提供有力支撑。首先，规模增长目标向市场发出了积极的投资信号，这将鼓励企业和投资者加大在工业设备更新方面的投入，促进相关产业的发展。同时，该目标反映了政府推动工业现代化、促进制造业高质量发展的决心和政策导向。最后，设备投资的增加将直接拉动经济增长，并有助于提升我国制造业在全球价值链中的地位。

（三）《方案》的影响

第一，《方案》坚持实施软硬件一体化更新，这有助于确保设备的整体性能得到最大化发挥，提高生产过程的稳定性和可控性。随着技术的不断进步，新的软件和硬件需要更好的兼容性，以确保数据的顺畅流通和系统的稳定运行。尽管软硬件一体化更新可能需要较大的初期投入，但长期来看，它能够降低维护成本、提高生产效率，为企业创造更大的经济效益。

第二，《方案》以数字化转型为重点，特别是数字化将提升智能化水平、数据驱动的决策以及远程监控与维护。数字化技术如物联网、大数据和人工智能等可以显著提高生产过程的智能化水平，实现精准控制和优化。

第三，数字化使企业能够收集并分析大量生产数据，从而做出更明智的决策。同时，数字化技术使远程监控和维护成为可能，降低了运维成本。

第四，《方案》提出绿色化目标有助于企业实现可持续发展，降低能耗、减少废弃物排放，符合可持续发展的理念。积极推行绿色生产的企业往往能树立良好的品牌形象，提升市场竞争力，获得更多消费者的青睐。长期来看，绿色化生产还能带来成本节约，如降低能源费用、废弃物处理费用等，进一步促进制造业绿色化升级。

热 点 篇

第三十六章

内蒙古阿拉善左旗煤矿"2·22"坍塌事故

第一节　事件回顾

2023 年 2 月 22 日 13 时 12 分左右，内蒙古自治区阿拉善盟李井滩生态移民示范区内归属新井煤业有限公司的一处露天煤矿发生特别重大坍塌事故，事故共造成 53 人死亡、6 人受伤，直接经济损失高达20430.25 万元。

事故发生经过如下：2023 年 2 月 22 日早 6 时 30 分，包括挖掘机驾驶员、自卸卡车驾驶员和钻机操作员等 222 名工作人员开始进入作业现场。到了 11 时 56 分，事故现场西侧及顶部等地开始出现局部滑落坍塌现象，边坡及底部出现裂缝与扬尘等滑落坍塌前兆。中午 12 时 27 分，现场作业人员在东侧边界处的 1395 米标高台阶坡脚执行了爆破作业。12 时 40 分，176 名作业人员结束午餐后返回采场继续作业。大约在 13时，宏鑫垚公司的李凤军前往西区南帮检查施工作业，此时其注意到北帮边坡的异常情况，并立即通过对讲机在 13 时 6 分左右、10 分左右及12 分左右发出紧急指令，要求"挖机完成装载后立即撤离"、"所有汽车和挖机向后撤退"以及"所有人员迅速撤离"。在其最后发布指令的13 时 12 分许，采场的北帮边坡岩体发生了大规模的滑落坍塌，导致现场59 名作业人员及 17 台挖掘机、27 台自卸卡车、8 台钻机、4 台皮卡车、1台装载机和 1 台小型客车等共计 58 台作业设备被埋。在清点人数和现场救援后，此次事故最终造成 53 人遇难、6 人受伤。事故发生后，现场形成了最大厚度为 105 米、体积约 756 万立方米的堆积体，破坏范围南北最长达 630 米，东西最宽达 520 米，覆盖面积约为 23 万平方米。

事故发生后，党中央、国务院高度重视。习近平总书记立即作出重要指示，要求"千方百计搜救失联人员，全力救治受伤人员，妥善做好安抚善后等工作。要科学组织施救，加强监测预警，防止发生次生灾害。要尽快查明事故原因，严肃追究责任，并举一反三，杜绝管理漏洞。各地区和有关部门要以时时放心不下的责任感，全面排查各类安全隐患，强化防范措施，狠抓工作落实，更好统筹发展和安全，切实维护人民群众生命财产安全和社会大局稳定。"依据习近平总书记的重要指示，应急管理部长王祥喜带领团队紧急赶往现场指导救援工作，内蒙古自治区和阿拉善盟也立即展开抢险和善后等工作。

根据国家法律法规，在国务院的批准下，成立了国务院内蒙古阿拉善新井煤业有限公司露天煤矿"2·22"特别重大坍塌事故调查组（以下简称"事故调查组"）。该调查组以应急管理部为组长单位，公安部、国家矿山安监局、全国总工会和内蒙古自治区政府为副组长单位，同时邀请专家参与。中央纪委国家监委也成立了责任事故追责问责审查调查组，对相关地方党委政府、部门及其公职人员可能存在的违纪违法和失职行为进行审查。

事故调查组严格遵循习近平总书记的重要指示精神和党中央、国务院的决策部署，秉持"科学严谨、依法依规、实事求是、注重实效"的原则，通过现场调查、实验测绘、数据分析、资料审查、访谈和座谈会等多种方式，查明了事故的人员伤亡、直接经济损失、事故发生过程、事故发生原因及事故涉及的企业情况，查明将清了地方党政机关及相关单位的履职情况、存在问题及责任，并总结了事故的主要教训，提出了整改和预防措施的建议。

第二节　事件分析

一、事故根源

经事故调查组认定，内蒙古阿拉善新井煤业有限公司露天煤矿

"2·22"特别重大坍塌事故是一起"企业在井工转露天技改期间边建设边生产，违法包给不具备矿山建设资质的施工单位长期冒险蛮干，相关部门监管执法'宽松软虚'，地方党委政府失管失察，致使重大风险隐患长期存在"而导致的生产安全责任事故。事故的直接原因为"未按初步设计施工，随意合并台阶，形成超高超陡边坡，在采场底部连续高强度剥离采煤，致使边坡稳定性持续降低，处于失稳状态，边帮岩体沿断层面和节理面滑落坍塌，加之应急处置不力，未能及时组织现场作业人员逃生，造成重大人员伤亡和财产损失。施工人员在矿场底部高强度采煤，导致坡度过陡，使边坡稳定系数持续大幅降低，边坡处于不稳定状态；剥采作业扰动和越界排土导致事发区域的断层和节理不断扩展、贯通，岩体完整性快速降低，边坡负荷受排土位置影响不断增加，加剧了滑落坍塌风险；监测预警系统没有依照规定设置，布置点数量仅有规定要求数量的 1/7，且均位于事发区域外，没有能够形成监测预警作用；应急处置缺乏预案、没有明确紧急撤离路线和顺序，且未组织过演练，致使在提前 6 分钟就发现大规模滑落坍塌迹象的前提下，未能有效组织车辆、人员全部撤离，最终导致重大人员伤亡。

二、事故教训

要认真研究总结典型事故经验教训，及早发现重特大事故苗头。习近平总书记多次强调，对典型事故不要处理完就过去了，要深入研究其规律和特点。《内蒙古阿拉善左旗煤矿"2·22"坍塌事故调查报告》指出，内蒙古自治区因其矿山数量众多、煤矿产量大，安全风险和隐患相对突出，且全国上一起特别重大煤矿安全生产事故就发生在内蒙古。对于本次事故中体现的突出问题，在以往事故中多有体现：查处煤矿越界违法开采行为方面的决心不足、联动执法机制缺失等问题，在 2016 年内蒙古赤峰宝马煤矿"12·3"特别重大瓦斯爆炸事故中有所体现；企业管理混乱、基层专业监管能力不足等问题，在 2019 年内蒙古锡林郭勒盟银漫矿业"2·23"重大井下车辆伤害事故中有所体现。"海因里希安全法则"指出，每 330 起类似事故中，总有 300 起未产生人员伤害、29 起造成轻微伤害故障，并必然包含 1 起造成严重伤害或死亡的重大事故。为遏制重特大事故发生，需要在规章制度、典型案例的基础上，

充分汲取教训、认真排查隐患。对于人、物、管理、环境等各要素中存在的隐患均需要排查治理，最终才能减小事故基数，从而遏制重特大事故发生。各生产单位要遵循习近平总书记关于典型事故处理的重要论述要求，认真学习典型案例，切实吸取经验教训，不能再次重蹈覆辙。

要切实落实企业的安全生产主体责任。习近平总书记强调，"所有企业都必须认真履行安全生产主体责任，做到安全投入到位、安全培训到位、基础管理到位、应急救援到位，确保安全生产"。在本次事故中，事故企业在安全生产主体责任方面存在严重缺失，企业主要负责人未能履行其作为第一责任人的职责，安全管理人员也没有依法履行其安全生产职责。事故煤矿的实际控制者过分追求利润，漠视人民群众的生命权，忽视了安全生产的重要性，对安全生产法律法规置若罔闻，盲目追求经济利益，违法违规冒险开展施工作业。煤矿的法定代表人虽然在名义上履行了职责，但实际上并不具备相应能力，所任命的"五职矿长"为挂名挂职，实际负责人缺乏专业素养、不了解煤矿生产安全专业知识，实际主要管理人员曾因瞒报生产安全事故而被判刑，不具备企业管理资格。施工单位设立的安全技术管理机构形同虚设，管理人员缺乏安全意识，在施工过程中漠视员工的生命权，将员工视作可以放弃的工具。总包方在没有矿山工程施工总承包资质的情况下违规承包和分包工程，现场违章指挥、冒险作业大行其道，现场管理极其混乱，对重大安全隐患视而不见。施工队伍未经培训即上岗，缺乏针对突发情况的应急预案，且从未开展应急演练，对事故征兆应对不及时、没有把保护施工人员生命放在第一位，导致错过撤离窗口，最终造成严重事故伤亡和巨大财产损失。中介机构盲目追求利益、毫无职业道德，不顾基本的执业准则和事故单位真实情况，违法违规出借监理资质、签订监理合同，现场监理工作形同虚设。多个责任主体的共同失职导致了本次重特大事故的发生，应进一步切实压实企业的安全生产主体责任，对于不顾人民群众生命安全、违法违规一味盲目追求利益的企业，要及时查处。

第三十七章

北京长峰医院"4·18"重大火灾事故

第一节 事件回顾

2023 年 4 月 18 日，北京长峰医院住院部东楼突然发生火灾，医院立即启动了应急预案，医护人员迅速组织患者疏散，然而由于火势过于猛烈，加上医院内部布局复杂，疏散工作面临极大困难，许多人被困在火海中，无法逃脱，最终造成 29 人遇难。这一数字让人痛心不已，给受害者家庭带来无法弥补的伤痛。北京长峰医院近几年因为随意处理医疗废物被处罚了 14 次；2014 年，北京长峰医院在上海的子公司就曾因为消防问题被处罚；2023 年 2 月，其位于贵阳的子公司又因为消防问题被处罚。然而处罚并没有引起长峰医院及医院领导们的高度重视，一次次的侥幸心理，为此次事故的发生埋下了隐患。

火灾事故发生受到高度关注。国务院安委会迅速决定对这次重大火灾事故查处实行挂牌督办，并派员参与指导北京市调查组的工作。事故调查组按照"科学严谨、依法依规、实事求是、注重实效"和"事故原因未查清不放过、责任人员未处理不放过、整改措施未落实不放过、有关人员未受教育不放过"的原则，还原事故发生经过，查明事故原因，总结事故教训，认定事故责任，提出事故处理建议。国务院安委会要求依照《中华人民共和国安全生产法》《中华人民共和国消防法》和《生产安全事故报告和调查处理条例》等相关法律法规，迅速开展事故调查工作。调查组要深入现场，收集证据，查明事故原因，确保不放过任何一个细节。同时，对于事故中涉及的任何违法违规行为，都依法严肃追责问责，以儆效尤。

在国务院安委会的指导下，调查组迅速开展工作，通过调取医院的监控录像、施工图纸等资料，对事故原因进行了深入分析。经过调查，事故原因逐渐浮出水面。这次火灾是由医院在装修过程中存在严重违规行为导致的。装修材料不符合消防安全要求，电线铺设混乱，存在严重的安全隐患。医院在日常管理中也存在诸多问题，如消防设施不完善、应急预案不健全等。对于此次事故中涉及的违法违规行为，调查组依法进行了严肃处理，涉事单位和个人被依法追责问责，相关责任人被依法追究刑事责任。

2023 年 5 月 6 日，最高人民检察院官微消息，为依法严厉打击危害安全生产刑事犯罪，保护人民群众生命财产安全，最高检对北京长峰医院重大火灾事故案挂牌督办，要求北京市检察机关充分发挥检察职能作用，协同公安机关及有关部门，依法查明各方责任，夯实案件证据基础，依法惩处相关犯罪，维护被害人合法权益，同时强化溯源治理，助推安全生产风险防范和综合治理。

第二节　事件分析

一、事故原因

据北京市消防总队初步调查结果，火灾外因是医院住院楼内部施工改造作业过程中产生的火花引燃了现场可燃涂料的挥发物所致，内因是北京长峰医院缺乏防范意识，缺少职业操守。

一是装修违规。经过初步调查，火灾的发生与医院装修过程中存在的严重违规行为有关。据了解，医院在装修过程中使用了不符合消防安全要求的材料，电线铺设混乱，存在严重的安全隐患。这种违规操作直接导致了火灾的发生，并加剧了火势的蔓延。

二是日常管理混乱。医院在日常管理中也存在诸多问题。首先，消防设施不完善，部分消防设备损坏或过期未更换，导致在火灾发生时无法发挥应有的作用。其次，应急预案不健全，缺乏针对火灾等突发事件的详细应对措施和流程，使得火灾发生时无法迅速有效地进行救援和疏散。此外，医院对施工单位的管理也不到位，没有及时发现和纠正施工中的违规行为，进一步加剧了火灾的严重性。

三是应急处置不力。在火灾发生后，虽然医院立即启动了应急预案，但由于火势过于凶猛和医院内部布局复杂，疏散工作面临极大困难。同时，消防部门在接到报警后虽然迅速赶赴现场，但由于火势过于猛烈和现场情况复杂，也给救援工作带来了极大的困难。此外，医院内部员工在火灾发生时的应急反应和自救能力也存在不足，进一步加剧了人员伤亡和财产损失。

二、事故影响与后果

一是人员伤亡惨重。火灾造成了 29 人遇难的严重后果，给受害者家庭带来无法弥补的伤痛。同时，还有多人受伤，需要长期治疗和康复。这些受伤者不仅要承受身体上的痛苦，还要面对心理上的创伤和社会压力。

二是社会影响恶劣。此次火灾事故引起了社会的广泛关注，也引发了公众对医院安全生产和消防管理的担忧。人们开始质疑医院的管理水平和安全保障能力，对医院的信任度也大幅下降。这不仅影响了医院的声誉和形象，还可能影响到医院的医疗服务质量和患者的就医体验。

三是加强法律责任追究。事故发生后，国务院安委会和最高人民检察院等部门迅速介入调查，并依法追究了相关单位和个人的法律责任。这种严厉的法律追究不仅为受害者家庭带来公正和安慰，也起到了警示作用，提醒其他单位和个人要重视安全生产和消防管理，这也彰显了国家对安全生产和消防管理工作的重视和决心。

三、反思与启示

一是加强安全生产管理。医院作为公共场所，必须加强安全生产管理，确保医疗设备和设施的安全可靠。医院应建立健全安全生产责任制和监管机制，加强对医疗设备和设施的定期检查和维护保养工作。同时，医院还应加大对施工单位的管理和监督力度，确保施工过程中的安全

合规。

二是完善消防设施和应急预案。医院必须完善消防设施和应急预案，确保在火灾等突发事件发生时能够迅速有效地进行救援和疏散。医院应配备足够的消防设备和器材，并定期进行消防演练和培训活动。同时，医院还应制定详细的应急预案和流程，并定期组织演练和评估工作。这不仅可以提高员工的消防安全意识和应急处理能力，还可以为医院在火灾等突发事件中的应对提供有力保障。

三是强化法律责任追究，对于违反安全生产和消防管理规定的单位和个人，必须依法追究法律责任。这种严厉的法律追究不仅能够起到警示作用，还可以减少类似事故的发生。同时，政府和社会各界也应该加大对医院安全生产和消防管理的监督和检查力度，确保医院的安全运营。此外，还应该建立健全安全生产和消防管理的法律法规体系，为相关工作的开展提供有力支持。

四是提升员工安全意识和自救能力。医院应加大对员工的安全教育和培训力度，提高员工的安全意识和自救能力。通过定期的安全培训和演练活动，可以让员工更加熟悉和掌握应对火灾等突发事件的方法和技巧，从而在紧急情况下能够迅速有效地进行自救和互救，减少人员伤亡和财产损失。

五是加强社会监督和舆论引导。社会监督和舆论引导在推动医院安全生产和消防管理改进方面发挥着重要作用。政府应鼓励社会各界积极参与对医院安全生产和消防管理的监督和评价工作并及时发现和纠正存在的问题。同时，媒体也应加强对医院安全生产和消防管理问题的报道和宣传，引导公众关注和支持相关工作，推动医院安全生产和消防管理水平的不断提高。

第三十八章

宁夏银川烧烤店"6·21"爆炸事故

第一节　事件回顾

2023 年 6 月 21 日 20 时 40 分许，位于宁夏回族自治区银川市兴庆区的富洋烧烤民族街店发生了一起由液化石油气泄漏引起的爆炸事件。应急管理部在接报后，迅速派遣了工作组前往银川的爆炸事故现场，指导救援和应急处置工作。经过紧急的扑救行动，在晚上 9 点 20 分左右，现场明火被成功扑灭。根据现场目击者的描述，烧烤店一楼的液化气罐首先发生了爆炸，随后触发了二楼的天然气管道发生爆炸，这次爆炸还导致各楼层的楼梯被彻底摧毁。

截至 6 月 22 日 8 时，事故造成了 31 人死亡、7 人受伤，事故伤员收治于宁夏医科大学总医院，无生命危险。6 月 22 日晚，宁夏银川市人民政府新闻办公室召开新闻发布会，介绍银川烧烤店爆炸事故最新情况，与会人员低头默哀。6 月 24 日，事故中的 4 名犯罪嫌疑人被刑拘。

事故发生后，习近平总书记高度重视并做出重要指示。他表示，宁夏银川市兴庆区富洋烧烤店发生燃气爆炸事故，造成多人伤亡，令人痛心，教训深刻。要全力做好伤员救治和伤亡人员家属安抚工作，尽快查明事故原因，依法严肃追究责任。各地区和有关部门要牢固树立安全发展理念，坚持人民至上、生命至上，以"时时放心不下"的责任感，抓实抓细工作落实，盯紧苗头隐患，全面排查风险。

国务院批准成立了宁夏银川富洋烧烤店"6·21"特别重大燃气爆

炸事故调查组，由应急管理部牵头，参加单位有公安部、住房城乡建设部等，以及燃气、爆炸等方面专家。事故调查组通过现场勘验、实地调查、物证鉴定等多种方式，查明了事故发生原因、人员伤亡情况，富洋烧烤店和气瓶检验、充装、配送等单位有关情况和责任，以及地方有关党委政府、相关部门在监管方面存在的问题和相关人员的责任；同时，调查组深入剖析事故暴露的突出问题，总结主要教训，提出整改措施和防范建议。

第二节　事件分析

一、事故根源

2024 年 1 月 27 日，国务院常务会议审议通过了宁夏银川富洋烧烤店"6·21"特别重大燃气爆炸事故的调查报告。经国务院事故调查组调查认定，这是一起因相关企业违法违规检验、经营，配送不符合标准的液化石油气瓶，烧烤店在使用中违规操作发生泄漏爆炸，地方党委政府及其有关部门履职不到位、燃气安全失管失控，造成的生产安全责任事故。

事故调查组查明，事故直接原因是液化石油气配送企业违规向烧烤店配送有气相阀和液相阀的"双嘴瓶"，店员误将气相阀调压器接到液相阀上，使用发现异常后擅自拆卸安装调压器造成液化石油气泄漏，处置时又误将阀门反向开大，导致大量泄漏喷出，与空气混合达到爆炸极限，遇厨房内明火发生爆炸进而起火。由于没有组织疏散，唯一楼梯通道被炸毁导致严重堵塞，而且二楼临街窗户被封堵并被锚固焊接的钢制广告牌完全阻挡，严重影响人员逃生，导致伤亡扩大。

具体来看，造成此次事故的主要原因有以下五个方面：

一是配送公司违规配送了"双嘴瓶"。

二是员工误把液相阀当成了气相阀，并将调压器错接到液相阀上。一旦开阀使用，极易导致调压器损坏、液化石油气泄漏。

三是店员擅自拆卸安装调压器，又违规拆解，自行购置劣质调压器又接回液相阀上。在最后一次拆卸调压器时，由于未关闭阀门发生泄漏，且误将阀门反向开大，导致泄漏加剧。

四是泄漏的液化石油气达到爆炸极限，泄漏的液化石油气与空气混合达到爆炸极限，遇到明火发生爆炸，进而引发起火。

五是没有第一时间组织顾客疏散，唯一楼梯通道被堵，二楼临街窗户被堵，造成二楼被困人员伤亡扩大。

调查组查清事故暴露的主要问题有：

一是专项整治敷衍了事。兴庆区专项整治部署迟缓、流于形式、层层拖延衰减，突出问题隐患没有得到有效整治。

二是源头管理失职失责。监管和审批部门不履职不作为，在源头管理上就为事故埋下了重大安全隐患。

三是气瓶检验充装弄虚作假。负责检验的宁夏国华公司对送检的涉事气瓶没有更换大口径液相阀，致使不符合标准的涉事气瓶通过检验，流入市场继续使用，带来严重安全隐患。

四是燃气经营配送使用管理混乱。银川市燃气管理部门从未对涉事燃气经营配送公司进行监督检查，公司并未告知富洋烧烤店"双嘴瓶"的接错风险。

五是餐饮场所安全失管漏管。银川市餐饮企业共 1.2 万余家，市商务局擅自缩小管理范围，银川市燃气管理部门只对 274 家"在库"餐饮企业和大型商业综合体进行安全管理，致使富洋烧烤店等此类餐厅并未受到行业管理。

六是执法检查宽松软虚。在全国城镇燃气安全排查整治期间的 2022 年 2 月至 8 月，银川市执法检查执法力度很小，银川市综合执法监督局在燃气行业日常执法中不主动作为。

二、事故教训

此次事故损失惨重、教训深刻，暴露出当地燃气安全存在诸多突出问题和明显短板，需要引起高度重视，切实查缺补漏。

一是坚守安全红线。习近平总书记多次强调，发展决不能以牺牲人的生命为代价，这是一条不可逾越的红线。干部对这个观念一定要明确、强烈、坚定，不可松了红线、破了底线。

二是提升责任感。地方一些干部的安全风险意识差，有的部门领导干部对"三管三必须"认识仍有差距，有的执法部门只执法不检查，有的部门的日常排查整治不履职，有的行业主管部门把执法错当成安全管理的主要手段。安全生产必须强化风险意识、责任意识。

三是切实实现安全全过程监管。燃气安全涉及多个环节、多个部门，在安全生产监督管理过程中，住房城乡建设部门、市政部门、市场监管部门、商务部门、综合执法部门、消防部门、公安派出所等应加大监管力度，不可松懈。

四是加大打非治违硬措施力度。银川市、兴庆区燃气领域违法行为猖獗，却没有得到有力整治。因此，执法手段一定要融入专项整治，完善协调联动机制，公开典型执法案例，以点带面推动严厉打击非法违法行为，确保整治成效。

五是安全基础要抓实抓到位。银川市燃气规划布局、充装站点建设、农村用气等基础工作推进缓慢，不能满足群众需求，催生了"地下"市场，安全隐患十分突出。这警示我们，抓好干部队伍作风能力素质建设是确保安全成效最基本最基础的工作。

第三十九章

重庆万州"7·4"洪涝地质灾害事故

第一节　事件回顾

　　2023年7月3日至4日，重庆市万州区遭受暴雨袭击。截至7月4日，已有24个镇乡街道达到暴雨，16个镇乡街道大暴雨，长滩镇达到特大暴雨级别，最大雨量（长滩站）达261.2毫米，创下了万州区自1956年有完整气象记录以来的最高记录。暴雨引发了山体滑坡、泥石流等一系列次生灾害，导致万州区五桥、长岭、白羊等36个镇乡街道受灾，受灾人口37226人，紧急避险转移11578人，紧急转移安置779人；受灾农作物1949.96公顷，成灾面积1112.17公顷，绝收面积568.82公顷；房屋倒塌50户138间，房屋损坏112户221间，直接经济损失达22784.474万元。截至2023年7月6日，万州洪涝地质灾害共造成17人死亡、2人失踪。

　　灾情发生后，国家和重庆地方政府迅速展开应急响应。7月3日，国家防汛抗旱总指挥部针对重庆等地启动防汛四级应急响应。7月4日，国家减灾委、应急管理部启动国家四级救灾应急响应。7月5日，国家防汛抗旱总指挥部组建工作组前往万州灾区实地查看灾情，并就防汛抢险救灾和受灾群众生活救助相关工作对地方展开指导协助。同日，财政部和应急管理部紧急下拨中央自然灾害救灾资金3.2亿元，其中防汛救灾资金2.5亿元，地质灾害救灾资金0.7亿元，重点支持地方开展受灾人员搜救转移安置、次生地质灾害隐患排查整治、排危除险、民房修复等灾后处置和重建工作。中国红十字会总会启动三级应急响应，火速调拨赈济家庭箱、毛巾被、冲锋衣等物资，同时派出救灾工作组赶赴灾区，支持和指导重庆市红十字会做好救援救助工作。来自各方的力量紧急驰援，志愿者自发进入受灾区域，投入救援助困、疏导排涝、路面清淤、垃圾清理、环境消杀、秩序维护等灾后处置工作。

第二节　事件分析

此次发生洪涝地质灾害的重庆万州位于四川盆地东部边缘山区地带，长江贯穿全境，低山、丘陵和低中山、山间平地面积约占全区面积的一半，平坝和台地面积极少，地形地貌较为复杂；全境处于亚热带季风湿润带，年平均降水量在 1000 毫米，历史上有 60% 以上的洪涝灾害都由大雨或暴雨引发。而随着近年来全球气候变暖，极端天气事件频率增加，未来万州区仍将面临严峻的灾害风险挑战，有待进一步强化应急准备和处置能力。

一、应急经验

针对本次洪涝灾害，万州区提前部署了多项应急准备工作。早在 7 月 1 日，万州区党委就为全部区领导划分了责任片区，安排各领导前往负责的街道和乡镇一线，监督指导隐患风险排查、应急物资准备、群众避险转移等相关工作。在暴雨期间，各部门、各区域间配合良好，对潜在的安全风险进行提前研判并组织群众转移避险，成功避免了多起可能的人员伤亡事件，其经验对于基层防灾减灾工作具有重要借鉴意义。

一是长岭镇提前预警并采取果断处置。在 7 月 3 日接到暴雨预警信息后，长岭镇政府立即开展巡查工作，并对洪涝风险区域内的群众进行提前避险转移。当天 20 时，长岭镇响滩社区地质灾害防治员在进行雨中巡查时，发现响滩社区 3 组 318 国道南侧出现新增拉张裂缝，判断出该现象为滑坡灾害的前兆，立即向长岭镇政府报告情况，并前往社区逐户告知群众撤离，将仍在家中的 12 名群众全部撤离至安全地带。7 月 4 日 8 时，该点位发生大面积滑坡，由于处置果断而避免了人员伤亡。二是长滩镇重点排查并逐户进行转移。7 月 4 日凌晨，长滩镇沙滩村地质灾害防治员组织相关干部和专业队员对全村范围内各处可能的地质灾害点位展开了排查。在接到村民关于房屋严重进水的险情反映后，地质灾害防治员迅速组织队伍进行逐户叫醒和人员转移，成功确保该村 79 人的生命安全。类似地，茶坪村的地质灾害防治员也采用同种办法，及时探知潜在险情并快速执行叫醒和安全转移，最终避免了可能的伤亡情况。三是白羊镇采取责任到人、每日点名的应急制度。在灾害发生前，白羊镇党委和政府就建立了责任人制度，相关干部逐一对村民建立包保责任，提前为相关村民安排好安置场所并进行每日点名。7 月 3 日，有包保干部在点名时发现有群众未在现场，立刻将该情况上报镇政府，并组织干部队伍前往各个可能区域进行寻找，最终在洪涝灾害发生前将全部未在场的群众都找到并集合在安置场所，共避免了 3 起可能的伤亡事件。四是龙驹镇贯彻保人第一的理念，采取强行撤离措施。龙驹镇灯台村有居民在转移到安全地带后，由于担心其家中的农作物和牲畜有损，又再次返回家中，护林员将相关情况向上级汇报后，得到了保人第一的指示，于是对该村民进行强行撤离。撤离 5 分钟后滑坡发生，摧毁了该农户之前所在的房屋区域，及时强制避险成功避免了人员伤亡。在上述四个案例中，重庆市建立的地质灾害防治"四重"网格化体系在灾后应急救援、保障人民生命安全方面发挥了关键作用。

二、几点启示

一是要进一步提升洪涝灾害预警监测能力。洪涝灾害作为我国最为频发的自然灾害之一，具有影响范围广、造成损失严重等特点，而及时有效的灾害预警能够极大降低灾害带来的损失，并保障人民生命安全。一方面，各地要加快建设和完善自然灾害监测预警平台，采用多种设备对气象、水文和地质等自然环境数据进行实时、全覆盖监测并实现数据共享互通，利用大数据、人工智能等技术，基于相关模型对采集到的灾害数据进行分析预测，实现智能化预警。另一方面，要建立高效的预警和应急响应机制。在此次灾害发生前，万州区就开展了一次"拉网式"的隐患排查，依托建立的地质灾害防治"四重"网格化体系（包括地质灾害群测群防员、片区负责人、驻守地质队员和区县技术管理员），组织干部职工和专业技术人员对全区 52 个乡镇街道的 813 处地质灾害隐

患点、1111 处地质灾害高和极高风险区以及 11442 处农村房屋周边进行了一次全面排查，并对风险隐患台账进行动态更新。因此，一方面要建立覆盖各级政府、各部门的快速响应机制和协调机制，确保责任到人并严格执行灾害信息报送制度，另一方面也要充分发挥基层党组织作用，可基于实际条件建立具有本地特色的群策群防应急体系，有效提升风险排查能力。

二是要加强应急救援装备和物资保障能力建设。制定完善的防灾措施和应急方案，对于应急避难场所的地址选择、平急转换、避难路线等进行提前规划，并做好物资储备、运输调度等保障工作。针对洪涝灾害，加快发展配备智能巡堤查险装备、沙袋装填与子堤构筑装备、高扬程排涝装备、应急搜救无人艇等，提升隐患识别、高效救援及处置恢复的能力。尤其针对灾害多发地区、偏远地区等在灾后容易断电、断路、断网等问题，重点配备无人机、卫星电话、远距离通信无线电台以及应急电源等装备，保障应急通信。另外，在此次灾害中出现了人员因滑坡被困的险情，现场难以采用大型机械设备进行救援作业，因此对于人员精准定位装备、雷达、生命探测仪等生命搜救装备的配置也应当予以重视。

三是要提高群众应对极端灾害的风险意识和避险能力。此次灾害过程中，存在有群众为了挽救家中财物和养殖牲畜，而不顾危险从避难场所返回受灾地点的情况，这一定程度上也反映了群众普遍风险意识不足、缺乏应对重大灾害能力的问题。针对这一情况，一方面要积极开展应急科普宣教活动，通过各类传统媒体和新媒体进行灾害预防知识和自救互救知识科普，提升群众的安全应急意识。支持引导学校、社区、重点行业等定期开展自然灾害避险演练，让群众进一步熟知预警信号、逃生避险、紧急救护等相关知识和技能。另一方面，也要加快家庭应急产品的推广，鼓励群众（特别是在灾害高发地区）储备必要的家庭应急物资，提前做好应对灾害的相关准备。

第四十章

黑龙江双鸭山"11·28"煤矿事故

第一节　事件回顾

2023 年 11 月 28 日 14 时 40 分，黑龙江省双鸭山矿业公司所属双阳煤矿发生事故，初步判断事故起因是冲击地压。2023 年 11 月 28 日 18 时 20 分，搜救工作结束，该煤矿事故共造成 11 人遇难。

2023 年 12 月 15 日，根据《重大事故查处挂牌督办办法》，国务院安委会决定对该起重大事故查处实行挂牌督办，要求黑龙江省依照《生产安全事故报告和调查处理条例》和《煤矿安全监察条例》等有关法律法规及规章规定，抓紧组织有关部门支持配合国家矿山安全监察局黑龙江局开展事故调查，迅速查明事故原因，严格按事故调查规定要求研究提出处理意见。

2023 年 12 月 25 日，根据国务院安委会《安全生产约谈实施办法（试行）》有关规定，国务院安委会办公室约谈黑龙江省人民政府。国务院安委会副主任、应急管理部部长王祥喜强调，要深入学习贯彻习近平总书记关于安全生产重要指示批示精神，深刻吸取近期事故教训，切实采取果断措施，进一步压实安全生产属地责任，尽快扭转黑龙江省重特大事故多发频发的被动局面。

约谈强调了以下三点内容，一是黑龙江省要切实担负起"促发展、保安全"的重大政治责任，督促属地各部门和各类企业全力抓好安全生产责任措施落实，坚决遏制重特大事故，稳控全省安全生产形势。二是要把"人民至上、生命至上"落实到加强安全生产的实际行动中,进一步增强政治敏锐性,坚持眼睛向下、力量下沉,以"时时放心不下"的责任感抓好安全生产工作。三是要迅速在全省范围内开展全覆盖的煤矿安全生产警示教育活动,推动煤矿实际控制人履职。

同时,约谈做出了以下要求。黑龙江省要坚守煤矿安全发展的红线,从理念上整改,避免形成系统性风险。抓细抓实重大灾害治理,强力推进矿山行业安全整治。一是盯紧看牢关键环节,对全省生产建设煤矿开展重大事故隐患排查整治,加大提升运输环节隐患排查力度,按规定控制下井人数,严把复工复产验收标准。二是保持打非治违高压态势,处理好保供和安全的关系,严厉打击隐蔽工作面、超层越界等严重违法行为,健全不敢瞒、不能瞒的机制措施。三是推动提升矿山本质安全,综合运用关闭退出、整合重组、智能化改造等治本措施,促进矿山高质量发展。四是要大力提升重大隐患排查整治质效,对照标准深挖细查,摸清重大隐患底数,建立数据库并实行整改销号闭环管理。五是全面复核安全许可和安全标准化,对近三年通过的安全生产许可、安全生产标准化考核、复工复产验收逐矿复核"过筛子"。六是强化监管执法责任倒查,加强安全监管执法队伍整顿,抓紧研究出台责任倒查机制,切实增强隐患排查整改质量,切实提升发现问题和解决问题的强烈意愿和能力水平。

第二节　事件分析

一、事故根源

从直接原因来看,根据初步调查,黑龙江双鸭山"11·28"煤矿事故为冲击地压所致,事故中,冲击地压发生时,矿工们正在作业,瞬间被掩埋。冲击地压是典型隐蔽致灾因素之一,是煤矿的重大灾害。冲击地压事故是指煤矿井巷或工作面周围煤(岩)体由于弹性变形能的瞬时释放而产生的突然、剧烈破坏的变形现象,常伴有煤(岩)体瞬间位移、抛出、巨响及气浪等,从而造成冒顶、片帮、底鼓、支架折损等。开采深度(地应力)、断层褶曲(构造应力)、煤岩层自身变化(冲击主体)、大厚度坚硬上覆岩层（动应力）和开采布置（应力集中）等是灾害孕育的主要力源，应力突变是冲击地压关键的致灾因素。冲击地压事故会造成人员压埋、砸伤等直接伤害，或造成窒息等间接伤害，也容易造成巷道堵塞使人员被困灾区，还可能造成有害气体涌出，引发爆炸、燃烧等继发事故。近年来，随着煤矿开采深度的增加，冲击地压灾害事故越发严重，我国每年都发生多起因冲击地压而导致的人员伤亡事故，是世界上冲击地压最严重的国家之一。

从事故主体来看，黑龙江双鸭山"11·28"煤矿事故所涉及的煤矿属于双鸭山矿业有限公司，成立于2014年，注册资金16亿元，主要从事煤炭开采、施工、洗选和加工等。据报道，该公司存在对安全生产的重视程度严重不足、整改力度严重不足、安全防范措施落实不到位等问题。2023年以来，黑龙江龙煤双鸭山矿业有限责任公司因违反安全生产方面的相关规定而受到监管部门多次行政处罚。仅11月便被黑龙江省煤炭生产安全管理局处罚3次。其中包含采煤工作面个别液压支架未接顶、相关设备缺少防护栏、未执行每日对架空乘人装置进行检查等违法违规行为。

二、几点启示

从黑龙江双鸭山"11·28"煤矿事故的发生及初步调查结果来看，煤矿行业安全生产工作还需从以下几方面不断提升。

一是加大在煤矿安全设备和技术方面的投入，不断提升本质安全水平。以冲击地压为例，加强防治技术投入，包括采用采矿优化设计方法以避免冲击地压的发生，对已具有冲击危险的区域进行解危，避免高应力集中和改善煤岩体介质性质以减弱积聚弹性能的能力，采用更有效的支护方法，通过增大支护强度或改善支护方式以提高支护体抵抗冲击的能力等。

二是运用先进的数字技术，加强煤矿管理信息化建设。在数字技术的推动下，煤矿安全管理朝着信息化方向发展，企业可以使用先进的在线监测技术，实时监控煤矿生产过程中的安全风险，预测潜在安全隐患，及时采取措施防范事故。针对矿山冲击地压，可以应用大数据对矿山冲击地压进行预测，总结和预测冲击地压的变化规律，通过建立系统的基于大数据分析的冲击地压监测和预报系统,将对未来的矿山安全高效生产产生十分重大的推动作用。

三是严格落实煤矿安全管理各项措施,增强对煤矿安全事故的预防和应对能力。加强施工现场管理,对施工现场的安全隐患进行定期排查,发现问题及时整改。加强对现场操作人员的培训,提高其安全意识和操作技能。制定应急预案,针对可能发生的事故,制定应急预案,明确应急处理程序和措施,确保在事故发生时能够迅速、有效地进行处理。加大对人员的培训力度。加强安全宣传教育,加强安全法律法规和安全知识的宣传教育,提高员工的安全认知和意识水平,营造"以人为本、安全第一"的企业文化。

展望篇

第四十一章

主要研究机构预测性观点综述

第一节　中商产业研究院

中商产业研究院预测，安全应急装备行业发展前景广阔。

一是政策支持行业发展。近年来，我国安全应急装备产业受到政府政策的大力支持。2023 年 12 月，应急管理部和工业和信息化部发布《关于加快应急机器人发展的指导意见》，提出到 2025 年，研发一批先进应急机器人，大幅提升科学化、专业化、精细化和智能化水平。2023 年 9 月，工业和信息化部、国家发展和改革委员会等五部门发布《安全应急装备重点领域发展行动计划（2023—2025 年）》，提出力争到 2025 年，安全应急装备产业规模、产品质量、应用深度和广度显著提升，安全应急装备重点领域产业规模超过 1 万亿元。国家政策的引导将充分调动地方政府、园区、企业、科研机构的积极性，持续推动安全应急装备高质量发展。

二是灾害事故频发对安全应急装备需求增加。当前灾害事故呈现多样化、复杂化特征，需不断提高重大装备现代化水平，满足我国不断提升高危行业本质安全水平和增强突发事件应急救援能力的新的更高要求。当前我国聚焦地震和地质灾害、洪水灾害、城市内涝灾害、冰雪灾害、森林草原火灾、城市特殊场景火灾、危化品安全事故、矿山（隧道）安全事故、紧急生命救护、家庭应急等场景应用的重点安全应急装备，加强先进适用安全应急装备供给，提高灾害事故防控和应急救援处置能力。

三是安全应急装备研发实力不断提高。我国积极开展重点装备研发攻关面向重大自然灾害和生产安全事故的急需装备，通过国家级和省部级科技重大专项或重点研发计划，开展核心技术研发与工程化攻关，实现关键技术和重点装备短板突破；通过揭榜挂帅，发布装备攻关指南，组织研发单位与用户单位联合攻关，形成一批技术先进、质量优良、满足需求的安全应急装备。

第二节　中国安防协会

2023 年在全行业的努力下，安防行业总产值突破了 9000 亿元，比上年增长 5%。2024 年尽管行业市场有效需求不足、社会预期偏弱、部分企业经营困难等问题仍存在，但在国家高度重视创新、前瞻谋划新质生产力培育的引导下，大部分调查企业认为安防行业将迎来更多利好。从调查反映来看，大部分企业对今年行业的发展仍持乐观态度，认为2024 年随着国家巩固和增强经济回升向好态势，以及国家加大对科技创新领域的支持以及大规模设备更新等政策效应的持续释放和市场需求的逐步改善，行业发展有望持续回暖。据预测，国内市场上半年安防行业的发展速度将达到 5%，其中视频监控增长 5% 左右，防盗报警及实体防护增长 4% 左右，出入口控制增长 5% 左右，社区居民安防增长 5%以上，国外市场的增长率预计为 4%。

从发展机遇上看，在数字城市、数字经济、新基建、行业存量市场智能化升级、科技兴警建设等活动带动下，行业将整体保持长期向好的基本面。与此同时，今年两会的政府工作报告对公共安全治理、新质生产力、人工智能+、低空经济、智能家居、设备更新、新能源、数字乡村等作出重要规划和部署，这些政策部署与安防产业当前的智能化发展趋势高度契合，将推动智能安防产品在上述领域的技术创新和应用拓展，从而带动整个行业需求的增长。比如无人机作为新通航工具，是推动低空经济发展的重要力量。近年来，在人工智能、机器视觉、大数据、物联网、5G 等新技术革命持续推进下，智能无人机与安防系统深度融合，被广泛应用于各类安全防范场景中，为行业带来新的技术变革与应用创新。比如，伴随着大模型、具身智能的进一步发展，服务机器人已经成为推动新质生产力发展的关键力量。其中，人形机器人这几年备受关注，有望成为颠覆性产品。公共安全领域将是人形机器人、巡检机器人等各类服务机器人应用的第一大市场。近日，公安部、工业和信息化部联合印发通知，部署开展公安领域机器人典型应用场景征集。这些活动的推进说明在一些公共安全重点领域对机器人的需求是非常迫切的，未来的市场空间值得期待。

从行业技术发展动向来看，当下大模型及生成式 AI 技术正在掀起新的产业革命，是难得的发展机遇期。在安防领域，这两年不少企业推出针对行业化应用的大模型，2024 年被视为大模型实现落地应用的关键年。部分调查企业认为，随着技术进步和算法优化，今年安防领域的大模型有望在数据处理能力、智能化分析、提前预警、智能决策、行业适用性、回答准确性以及跨领域融合应用等方面取得较大突破，大模型不仅能够理解和处理不同的信息模态，还能够逐渐进行高层次的推理、规划和执行。大模型在面向公安行业中警情或者线索信息的提取、大量卷宗信息提炼以及便于民警等用户的信息互动等"对话即平台"的应用场景方面，辅助执法规范化方向以及交通、能源等领域将创造更多新的应用场景和价值。

第三节　中研普华网

从市场竞争格局来看，安全应急装备行业呈现出多元化竞争的态势。国内外众多企业纷纷加大对安全应急装备领域的投入，通过技术创新和产业升级来提升自身竞争力。同时，跨界合作也成为行业发展的重要趋势，不同领域的企业通过合作实现资源共享和优势互补，共同推动装备行业的发展。

在应用领域方面，安全应急装备的应用范围正在不断拓宽。除了传统的消防、救援等领域外，安全应急装备还广泛应用于交通、医疗、能源等多个领域，为这些领域的安全生产提供了有力保障。然而，安全应急装备行业在发展过程中也面临一些挑战。例如，技术创新风险、市场竞争压力、法规政策变化等因素都可能对行业的发展产生影响。因此，企业需要密切关注市场动态和技术发展趋势，加强研发投入和人才培养，提升自身核心竞争力。

随着社会各方对安全应急产品和服务的需求不断增长，国内安全应急产业显露出极大的发展潜力。在国家政策支持、新旧动能转换以及新基建等大环境下，信息通信技术、新材料、人工智能、大数据等新技术、新概念正加速与安全应急产业融合，新一代智能化、无人化安全应急产品将逐步替代传统安全应急产品，未来产业内竞争将逐渐加剧。

作为社会安全保障领域的应急装备产业正在面临信息化智能化融合发展的重要时刻。随着"智能+"的提出，将有利于科技资源的整合，提升安全应急科技创新能力，促进创新成果应用，推进产业融合发展，探索应急服务新模式，逐步形成安全应急装备产业的新业态。

安全应急装备的应用领域正在快速扩张。随着智慧城市建设的推进，安全应急装备将成为"平安城市"建设的重要基石。同时，随着算法和芯片技术的成熟，人工智能在安全应急产业的渗透率将逐步提升，能够处理各行业场景下的任务。此外，安全应急装备在消防、交通、医疗等多个领域都有广泛应用，其市场规模有望持续增长。

第四十二章

2024 年中国安全应急产业发展形势展望

第一节　总体展望

2023 年，在政府推动、需求拉动、供给提升、技术赋能等多方面力量共同驱动下，我国安全应急产业发展迅速，作为战略性新兴产业和新经济增长点的作用地位更加突出。展望 2024 年，安全应急产业的供给能力将进一步提升，新产品新业态将不断涌现，市场规模有望保持在 10%左右的增长，在各级政府部门的高度重视和政策支持下，安全应急产业将进入新的发展阶段。

一、列入战略性新兴产业，安全应急产业将进一步壮大

2023 年，安全应急产业面临前所未有的良好发展机遇。5 月 12 日，习近平总书记在深入推进京津冀协同发展座谈会上指出，把安全应急装备等战略性新兴产业发展作为重中之重，着力打造世界级先进制造业集群。9 月，《安全应急装备重点领域发展行动计划（2023—2025 年）》印发并提出了促进安全应急装备重点领域发展的具体目标、重点任务、落实要求等。在产业发展环境持续向好下，我国安全应急产业进入到高质量发展阶段，细分领域产品或装备市场规模逐年增加，例如据市场监管总局初步调查显示，我国个人防护装备产业规模以每年 15%左右的速度增长，同时高端化、智能化、多功能化的装备市场需求越来越大。再如露天矿山无人驾驶矿车可有效减少现场施工人员数量并提高工效，提升

矿山本质安全水平。据车载信息服务产业应用联盟市场调研数据显示，截至 2022 年底，我国露天矿山无人驾驶矿车市场规模近 30 亿元，2023年前三季度市场规模已达 62 亿元，综合目前企业签单数量、项目投资意向及矿车交付情况测算，预计 2025 年市场规模可达 200 亿元，年均增长率在 90% 左右。

展望 2024 年，消费升级、产业升级和应急管理体系逐步完善将成为拉动安全应急产业快速发展的"三驾马车"，共同构成对安全应急产品的巨大刚需。预计 2024 年我国安全应急产业规模将超过 2.4 万亿元，将成为更多地方实现工业转型升级、培育发展新动能、完善应急管理体系的必然选择。

二、由基地到集群，安全应急产业集聚效应将进一步增强

由点到面，集群式发展，将推动安全应急产业发挥更大的集聚作用。目前，我国安全应急产业类基地共 42 家（包括已获批的国家级安全应急产业示范基地 26 家、待评估的原国家安全产业示范园区及应急产业示范基地 16 家），其安全应急产业总产值超过 5000 亿元。经过十多年的培育与发展，我国安全应急产业已经基本形成以长三角、粤港澳、京津冀三大区域为引领，东中西部协同发展的局面。在国家政策推动下，依托国家级安全应急产业示范基地创建工作，在全国各地已经形成了多个分布广泛、特色鲜明的安全应急产业集群，在促进产业集聚发展中发挥着重要作用。

展望 2024 年，依托我国工业体系优势，做好安全应急产业集群建设，增强产业集群规模和发展质量，围绕特色产业，通过锻长和补短，将形成上下游联动的安全应急产业链。其中，长三角地区产业基础良好、经济发达、市场化程度较高，将成为我国安全应急产业集群最为完善的地区。粤港澳大湾区以技术密集、资金密集、人才密集的智能安全应急为主导，以智能制造、大数据、工业互联网及现代服务业为抓手，将形成高端化安全应急产业集群。京津冀地区在技术开发转化、人力资源方面优势明显，将形成成套化装备生产集群和先进特色服务集群。中部和西部地区承接产业转移，对国家政策进行充分解读，在多项优惠政策的支持下加紧产业布局，将形成专用安全应急装备生产制造的产业集群。

三、装备智能化，将助推安全应急产业形成新质生产力

2023 年，云计算、大数据、物联网、人工智能、虚拟现实（VR）、增强现实（AR）、5G 等新一代信息技术在安全应急细分领域进一步融合应用，成为促进安全应急数智化转型的重要手段，全面提升了安全应急数智化发展水平。安全应急装备智能化正在成长为时代发展的新需求，也是目前全球安全应急市场的"新宠儿"，可大幅提升防灾减灾救灾保障能力。

展望 2024 年，装备智能化将助推安全应急产业形成新质生产力。一是安全应急产业将与电子信息等战略性新兴产业的产业链、创新链、价值链进一步深度融合，拉动安全应急产业转型升级。二是人工智能等未来产业将对安全应急装备智慧化、无人化发展起到重要促进作用，提升安全应急装备辅助决策能力、无人救灾能力、远程遥控能力。三是与战略性新兴产业、未来产业融合发展将带动安全应急产业融入新一轮产业革命，有利于安全应急产业提前调整生产关系，在新一轮产业革命带来的变革式发展中率先实践。

四、灾害事故多发频发对安全应急装备提出更高要求

据应急管理部数据显示，2023 年，各种自然灾害共造成 9544.4 万人次（同比下降 14.8%）不同程度受灾，因灾死亡失踪 691 人（同比上升 24.7%），紧急转移安置 334.4 万人次（同比上升 37.7%）；倒塌房屋 20.9 万间（同比上升 344.7%），不同程度损坏 206.4 万间（同比上升 159.3%）；农作物受灾面积 10539.3 千公顷（同比下降 12.7%）；直接经济损失 3454.5 亿元（同比上升 44.8%）。在安全生产领域，2023 年前三季度，较大事故数量同比上升 10.2%、死亡人数同比上升 13.4%；重特大事故数量同比上升 85.7%、死亡人数同比上升 80.6%。

展望 2024 年，为有效降低各类突发事件的损失，保障人民生命财产安全，随着国内突发事件预警与防治技术的发展和装备制造能力的提升，新技术、新装备应用场景将不断丰富，科技支撑防范化解重大灾害事故的水平也将得到明显提升。对标全灾种、大应急任务需要，我国将持续加大先进、专用、特种救援装备研发力度，在灾害事故防控和救援

中得到广泛应用。

第二节　需要关注的几个问题

一、安全应急产业体系尚需完善

一是顶层设计有待完善。2020 年以来，为加强对安全产业、应急产业发展的归口管理、统筹指导，国家将安全产业和应急产业合并为安全应急产业。新整合的产业缺少政策统筹，缺乏财政、税收、金融等扶持政策，急需制定配套的细化政策措施。二是基础研究工作有待进一步完善。合并后的安全应急产业缺少专门的统计口径，导致主管部门无法对该产业进行科学的管理，对哪些细分领域的产能是否过剩也缺乏一个整体的认识。三是供需之间缺乏统筹协调。安全应急产业隶属关系复杂，分散于机械、电子、化工、信息等多个行业领域之中，但不是各行业发展的主体，未获得相关行业的足够重视，在供需协调、统筹发展的路径、模式上创新探索不够，导致资源和要素配置无法向安全应急领域集聚，阻碍了安全应急产业健康有序发展。

二、高端安全应急装备有效供给不足

一是在通用领域，低端市场的产品技术门槛较低，生产企业较多，产能相对过剩。产业结构优化进展缓慢，新旧动能衔接不畅，仍以中小企业为主，许多产品的科技含量和附加值仍偏低，新兴领军企业及龙头企业不多，影响产业结构优化进展。二是在高端产品市场，市场占有率较低。航空应急救援装备、矿山智能化采掘平台等领域关键设备仍然存在明显的对外依赖。产业链龙头企业尚属凤毛麟角，专精特新的成长型企业尚需支持。以灭火飞机为例，美国超大型灭火机载水量可达 45.5 吨，波音 747 客机改装的全球最大灭火飞机，载水量更是达到 74.2 吨，续航里程超过 6400km，一个防火期共投入的飞机数量接近 1000 架。与之相比，我国相关飞机载水量、续航里程和存量都存在较大差距。三是产品可靠性、稳定性水平不高，部分先进产品较国外进口产品仍存在明显差距。

三、数据挖掘技术尚不成熟

数据应用偏监测、少预警。从深度而言，目前数字化应用主要偏重于用视频监控取代人工排查，但隐患排查、监测预警时的基础信息的数据量、颗粒度、覆盖度和精细度等不足以支撑深度分析与挖掘，特别是自然灾害分布状况、危险源分布状况等基础底数不够清晰。在跨部门、跨层级场景下，数据资源接入与汇聚程度难以满足业务支撑需求，未能充分发挥超前预测预警能力。从广度而言，由于各地应急管理部门信息化建设水平不均衡，地震、地质、气象、水旱、火灾等灾害监测网络不健全，日常使用的业务系统也多数停留在数据统计和工作流程数字化的层面，偏重于底层的基础治理工作，缺乏业务应用导向，对未知风险和安全隐患缺少数字化、科学化的精确辨识和应对手段。例如，多灾种和灾害链综合监测和预报预警能力有待提高，大规模灾害的计算分析工具研发不足、应急通信保障与"泛在连接、随遇接入"的实战要求仍有差距等。

后　记

  本书由张小燕担任主编，袁晓庆、黄玉垚任副主编。封殿胜、李泯泯、程明睿、黄鑫、杨琳、郭磊、许越凡、赵哈姆等共同参加了本书的编写工作。其中，综合篇由黄玉垚编写；重点领域篇第三章至第十章分别由黄鑫、李泯泯、程明睿、杨琳、黄玉垚、郭磊、许越凡、赵哈姆负责编写，第十一章由李泯泯负责编写；区域篇第十二章至第十五章分别由黄鑫、程明睿、杨琳、郭磊负责编写；园区篇第十六章至第二十三章分别由许越凡、赵哈姆、黄玉垚、黄鑫、李泯泯、程明睿、杨琳、郭磊负责编写；企业篇由许越凡编写第二十四章和第三十二章、赵哈姆编写第二十五章和第三十三章、黄玉垚编写第二十六章、黄鑫编写第二十七章、李泯泯编写第二十八章、程明睿编写第二十九章、杨琳编写第三十章、郭磊编写第三十一章；政策篇由杨琳编写第三十四章，第三十五章由黄鑫、李泯泯、黄玉垚分别进行了相关政策的解析；热点篇第三十六章至第四十章分别由程明睿、郭磊、许越凡、赵哈姆、杨琳负责编写；展望篇由黄玉垚负责编写。袁晓庆、封殿胜、黄玉垚、杨琳等负责对全书进行了统稿、修改完善和校对工作。工业和信息化部安全生产司和中国安全产业协会的有关领导、相关企业都为本书的编撰提供了大量帮助，并提出了宝贵的修改意见。本书还获得了安全应急产业相关专家的大力支持，在此一并表示感谢！

  由于编者水平有限，编写时间紧迫，本书中不免有许多缺点和不足，真诚希望广大读者给予批评指正。

中国电子信息产业发展研究院

赛迪智库

面向政府·服务决策

奋力建设国家高端智库

思想型智库　国家级平台　全科型团队
创新型机制　国际化品牌

《赛迪专报》《赛迪要报》《赛迪深度研究》《美国产业动态》《赛迪前瞻》

《赛迪译丛》《国际智库热点追踪周报》《工信舆情周报》《国际智库报告》

《新型工业化研究》《工业经济研究》《产业政策与法规研究》《工业和信息化研究》

《先进制造业研究》《科技与标准研究》《工信知识产权研究》《全球双碳动态分析》

《中小企业研究》《安全产业研究》《材料工业研究》《消费品工业研究》《电子信息研究》

《集成电路研究》《信息化与软件产业研究》《网络安全研究》《未来产业研究》

思想，还是思想，才使我们与众不同
研究，还是研究，才使我们见微知著

新型工业化研究所（工业和信息化部新型工业化研究中心）
政策法规研究所（工业和信息化法律服务中心）
规划研究所
产业政策研究所（先进制造业研究中心）
科技与标准研究所
知识产权研究所
工业经济研究所（工业和信息化经济运行研究中心）
中小企业研究所
节能与环保研究所（工业和信息化碳达峰碳中和研究中心）
安全产业研究所
材料工业研究所
消费品工业研究所
军民融合研究所
电子信息研究所
集成电路研究所
信息化与软件产业研究所
网络安全研究所
无线电管理研究所（未来产业研究中心）
世界工业研究所（国际合作研究中心）

通讯地址：北京市海淀区万寿路27号院8号楼1201 邮政编码：100846
联系人：王 乐   联系电话：010-68200552 13701083941
传　真：010-68209616   电子邮件：wangle@ccidgroup.com